JN177202

二〇ミリシーベルト

福島第一原発事故　被ばくの深層

元衆議院議員
福島第一原子力発電所事故「官邸助言チーム」事務局長
空本誠喜
Soramoto Seiki

論創社

二〇ミリシーベルト――福島第一原発事故 被ばくの深層◆目次

第2章 先送りされた避難区域
——屋内退避から、計画的避難へ、そして長期帰還困難区域へ

第3章 二〇ミリシーベルトの矛盾

第4章 子どもたちの未来のために

第5章 フクシマ再生への提言

二〇ミリシーベルト

福島第一原発事故　被ばくの深層

序章

「無用な被ばく」から「帰望の灯」へ

全村避難直前の飯舘村役場。４月11日に計画的避難区域に指定され、５月15日に避難開始（2011年４月17日の現地調査時に筆者撮影）。

「記憶の日」――ヒロシマとチェルノブイリの記憶

一九四五年八月六日、ヒロシマに、史上初めて原子爆弾が投下された。
一九八六年四月二六日、チェルノブイリで、史上最大の原子力発電所事故が発生した。
二〇一一年三月一一日、フクシマで、想定外の原子力発電所事故が発生した。

‡ヒロシマの記憶

福島第一原子力発電所事故の四七年前の三月一一日、私は、被爆地ヒロシマに生まれた。祖母も、原子爆弾（原爆）投下直後、祖母の姉と一緒に甥と姪を捜すため、何も知らずに、子どもを背負って入市し、被爆した。その甲斐もなく、甥や姪は原爆の犠牲者となった。ちょうどその時、祖母の姉も妊娠数カ月で、母の従弟にあたる生まれてきた赤ん坊は、胎内被爆により重度精神発達遅延の障害を持って生まれてきた。

幼い頃から、原爆といえば、胎内被爆で障害をもって生まれてきた親戚のことを思い出す。

この胎内被爆による精神発達遅延は、人体への「確定的影響」と呼ばれ、ある一定の高い「しきい線量」を超えて被ばくしなければ、現れてこない。従って、胎児の被ばくについては、事故当初から現在までの外部被ばくの線量から判断して、フクシマで過度に心配する必要はない。参考までに、胎児の障害発生の「しきい線量」は、一〇〇ミリシーベルトないし二〇〇ミリシーベルト以上と見積もられている（詳細は、第4章を参照）。

一方、フクシマで心配されている甲状腺ガンや白血病といった放射性発ガンは、「確率的影響」と呼ばれ、被ばく線量の増大とともに発生確率が徐々に増加していくが、重篤度は被ばく線量によらないという特徴を持っている。被ばく線量が顕著に高くなれば、発ガンの人数やガン死亡率も明確に増えていくが、低い線量の被ばくでは、他の発ガン因子の影響と見分けるのは、低くなればなるほど、極めて難しい（詳細は、第4章を参照）。

ただし、フクシマの一部の地域では、三月一五日に極めて高濃度の放射性雲（放射線プルーム）に包まれていたことから、大量の放射性ヨウ素を直接吸入してしまった子どもたちの甲状腺について、最重点で注意深く調査して、健康管理する必要がある。

‡チェルノブイリの記憶

では、チェルノブイリ原発事故での子どもたちへの健康影響はどうであったのか。

一九八六年四月二六日未明一時二三分（日本時間：同日午前六時二三分）、旧ソ連（現ウクライナ）のチェルノブイリ原子力発電所4号炉が暴走爆発し、大量の放射性物質が周辺環境に飛散した。

その結果、放射性降下物（フォールアウト）がウクライナ、ベラルーシ、ロシアなどを広域に汚

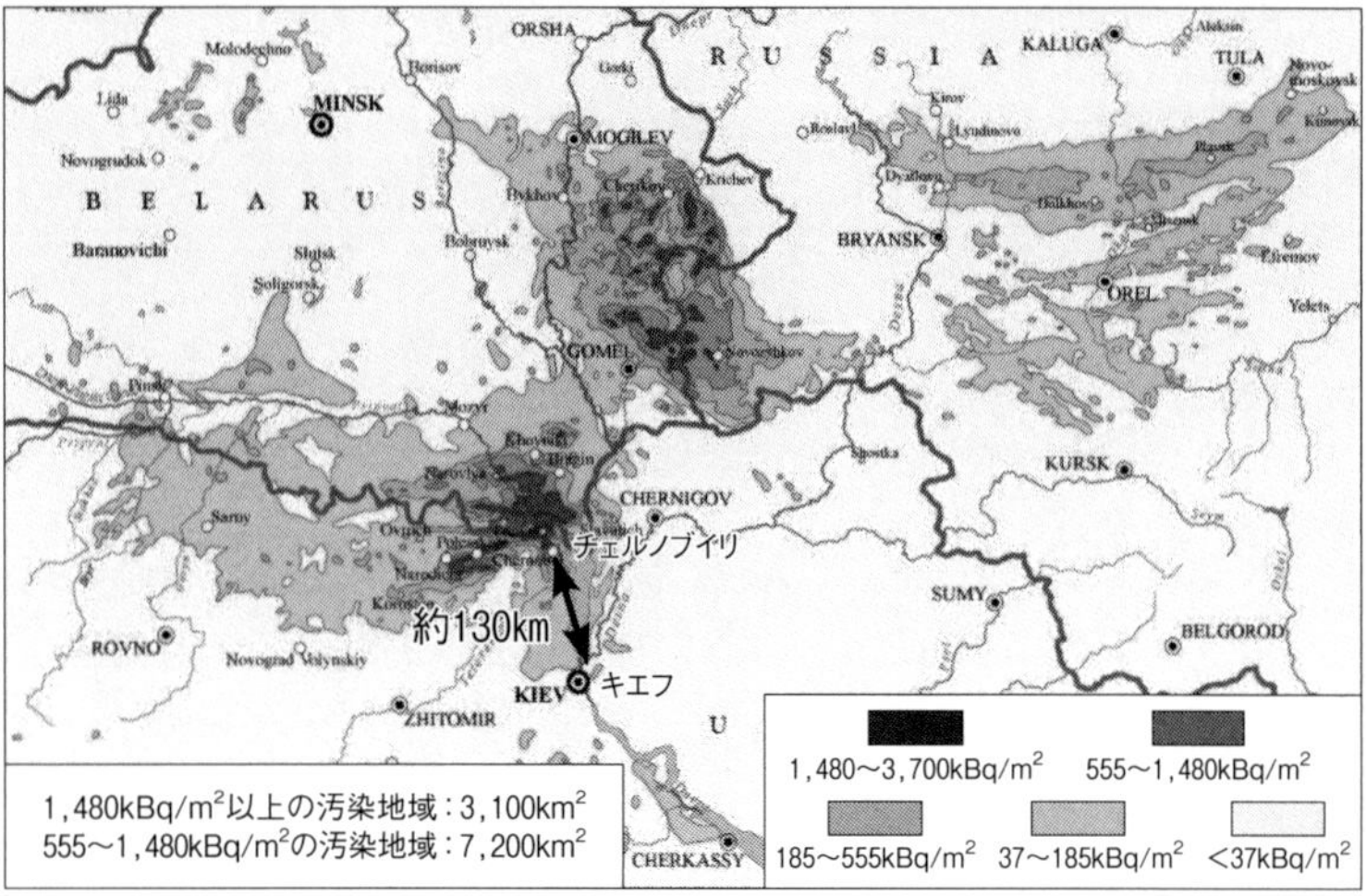

図1　チェルノブイリ事故による汚染マップ（原発周辺）

出所：UNSCEAR 2000 report（http://www.unscear.org/unscear/en/chernobylmaps.html）をもとに作成

染し、ホットスポットと呼ばれる高濃度に汚染された地域が分布または点在した（図1）。

さらに発電所の周囲三〇キロが居住禁止となり、住民の約一三万五〇〇〇人が避難して移住することとなった［1］。一九八六年の春から夏にかけての疎開者は一一万六〇〇〇人との報告もある［2］。

事故発生の直後は、旧ソ連の報道統制により情報は全く流れていなかった。二七日になって、スウェーデンのフォルスマルク原子力発電所の職員が特定の放射性物質を検出して異変に気付くこととなり、翌二八日の早朝に放射線監視モニターの警報が鳴り響き、高い線量の放射性物質が検出された。ヨーロッパの近隣諸国でも放射性物質が検出され、スウェーデン当局の調査の結果、二八日にソ連が事実を認めて、世界に発覚することとなった。

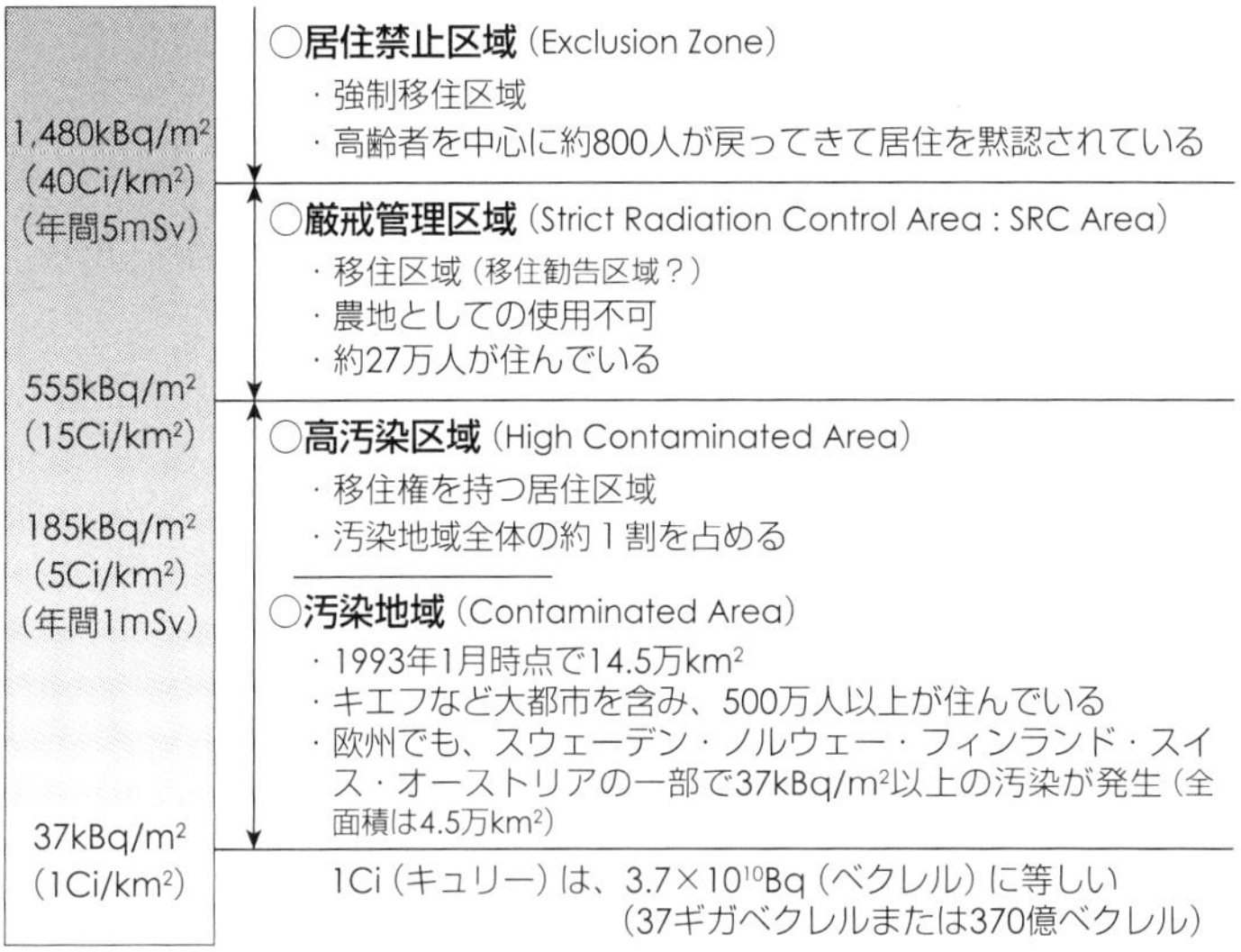

区分	区域
1,480kBq/m² (40Ci/km²) (年間5mSv)	**居住禁止区域** (Exclusion Zone) ・強制移住区域 ・高齢者を中心に約800人が戻ってきて居住を黙認されている
	厳戒管理区域 (Strict Radiation Control Area : SRC Area) ・移住区域（移住勧告区域？） ・農地としての使用不可 ・約27万人が住んでいる
555kBq/m² (15Ci/km²)	
185kBq/m² (5Ci/km²) (年間1mSv)	**高汚染区域** (High Contaminated Area) ・移住権を持つ居住区域 ・汚染地域全体の約1割を占める
	汚染地域 (Contaminated Area) ・1993年1月時点で14.5万km² ・キエフなど大都市を含み、500万人以上が住んでいる ・欧州でも、スウェーデン・ノルウェー・フィンランド・スイス・オーストリアの一部で37kBq/m²以上の汚染が発生（全面積は4.5万km²）
37kBq/m² (1Ci/km²)	1Ci（キュリー）は、3.7×10¹⁰Bq（ベクレル）に等しい （37ギガベクレルまたは370億ベクレル）

図2　チェルノブイリ事故によるセシウム汚染の区分けと対応

出所：日本学術会議「原子力事故対応分科会資料」(2011年5月18日）をもとに作成

チェルノブイリ周辺住民の事故後の被ばく状況については、事故から二〇年経過した二〇〇六年に、ウィーンで開催されたチェルノブイリ・フォーラムなどで報告されている。

一九八六年から二〇〇五年までの二〇年間の積算の平均被ばく線量（全身被ばくの実効線量）は、汚染地域の居住者五〇〇万人で一〇～三〇ミリシーベルト、厳戒管理区域（SRCエリア／立入禁止ゾーン）の居住者二七万人で五〇ミリシーベルト以上、居住禁止地域からの疎開者一一万六〇〇〇人で三三ミリシーベルトであった［2・3］。最新の国連科学委員会（UNSCEAR）のレポート（二〇〇八年）では、一一万五〇〇〇人の避難民では三一ミリシーベルトと報告されている［4］。居住禁止地域からの疎開者の被ばく線量は、疎開前に居住禁止地域で受けた被ばく線量である。

なお、各地域のセシウム137の土壌汚染は、一平方メートルあたり、汚染地域で三七・五キロベクレル以上、厳戒管理区域で五五五キロベクレル以上、居住禁止地域で一四八〇キロベクレル以上である（図2）。

厳戒管理区域の居住者の二〇年間での五〇ミリシーベルトを年換算しても、年間二・五ミリシーベルトとなり、文部科学省（文科省）が福島県内の学校再開の基準（文科省は「校舎・校庭等の利用の目安」と表記）として示した**『年間二〇ミリシーベルト』**が極めて高い数値であるということは、一目瞭然である。

ただし、子どもたちの甲状腺ガンの発症状況は、チェルノブイリとフクシマとでは、飲食物の摂取制限の違いから、大きく異なってくる。

チェルノブイリでは、放射性ヨウ素をたっぷり含んだ汚染ミルクを制限なく飲ませたことにより、多くの子どもたちに甲状腺ガンが見つかっている。子どもたちの甲状腺の内部被ばく等価線量の桁数（オーダー）については、「ミリシーベルト」のオーダーではなく、想像もつかない一〇〇〇倍以上の「シーベルト」のオーダーである地域も報告されている〔1・5〕。

一方、フクシマでの経口摂取による内部被ばくについては、自主的な規制も含めて早くから厳格な食物摂取制限を行っていたので、一つの懸念を除いて、過度に心配する必要はない。一つの懸念とは、飯舘村や浪江町など、三月一五日の放射性プルームが通過し、高濃度の放射性降下物が降り注いだ地域の汚染された牛乳や水や根菜や露地野菜などを口にしていた子どもたちである。

懸念対象の子どもたちについては、放射性プルームによって大量に放射性ヨウ素を吸入した子どもたちと合わせて、注意深く健康管理していかなければならない。

なお、福島第一原発事故での甲状腺への最大の被ばく線量は、小児で二三ミリシーベルト、成人で三三ミリシーベルトであるとの報告もある［6］。

本書では、子どもたちを育てる保護者の皆さんが放射線の健康への影響と合わせて、一ミリシーベルトや二〇ミリシーベルトという数字の持つ意味をより深く理解いただくために、どの様に政府内で基準値や目安が決められてきたか明らかにするとともに、放射線防護の考え方を詳しく説明するよう努めている。

「運命の日」――2号機の異変

‡メルトダウン

ところで、福島第一原発から、いつ、どの様に放射性物質が広域に大量放出されたのであろうか。ここで、事故直後の原子炉の状況確認のために、三月一一日の「大震災の日」を少し振り返ってみよう。

一四時四六分、マグニチュード九・〇、観測史上最大の東日本大震災が発生した。一五時二七分と一五時三五分、津波の第一波と第二波が襲来。一五時三七分から四一分の間に1号機から3号機までの全電源が喪失。一八時一〇分頃と一八時五〇分頃、1号機が炉心露出して、メルトダウン（炉心溶融）がスタートしたと推定されている。三月一一日は、大津波により全電源を失い、深刻な状況に陥った日であった。

そして、三月一二日と一四日が、1号機と3号機の「水素爆発の日」となった。

一二日一五時三六分、1号機の建屋上部が激しい爆発音とともに吹き飛んだ。

一四日一一時一分、3号機でも激しい轟音が鳴り響いた。ともに原子炉建屋の水素爆発であった。

水素爆発は、国民のみならず、原子力関係者にとっても、あまりにも衝撃的であったが、まだ飯舘村や福島市内などへの大規模な環境汚染までは引き起こしていなかった。放射性物質の飛散は福島第一原発周辺に限られていた。

この時点では、1号機も3号機も、原子炉内の炉心溶融や原子炉建屋の水素爆発はあったものの、格納容器という「第四の壁」はまだ守られていた。

‡ 圧力抑制室（サプレッションプール／サプレッションチェンバー）

本当の異変は、一四日の夜から一五日の朝方にかけて2号機で起きていた。

三月一四日の二三時頃から翌一五日の未明にかけて、福島第一原発では2号機のドライベントを試みていたが、なかなかベントができず、状態が悪化していた。

一五日早朝、2号機のベント作業が滞っている中、五時四五分から六時二分の間に、圧力抑制室の圧力が急激に低下し、大気圧と均圧となった。発電所周辺では毎時九六五・五マイクロシーベルトの放射線が観測された。これは、ベントではなく、何らかのトラブルで、放射性物質が大量放出されたことを物語っていた。格納容器のドライウェルにつながる圧力抑制室付近のどこかが損傷し、放射性物質が損傷箇所から漏れ出していた。

七時二〇分から一一時二五分の間に、さらに一三時〜一五時頃にも、圧力容器から格納容器に漏れ出ていた放射性物質が、損傷箇所から大量に外部に放出され、放射性プルームとなり、各地に飛散していった。

国際原子力機関（IAEA）などは、原子力事故について、「レベル0」〜「レベル7」の国際原子力事象評価尺度（INES）を定めている。

この三月一五日は、チェルノブイリ事故に次ぐ、「レベル7」の深刻な大事故となった「運命の日」であった。

‡影の助言チーム（官邸助言チーム）

原発事故発生の四日後の三月一五日、偶然ではあるが、菅直人内閣総理大臣と大畠章宏国土交通大臣から、各々、私に対して、事故収束に向けての直命があった。ちょうど、2号機が損傷して、

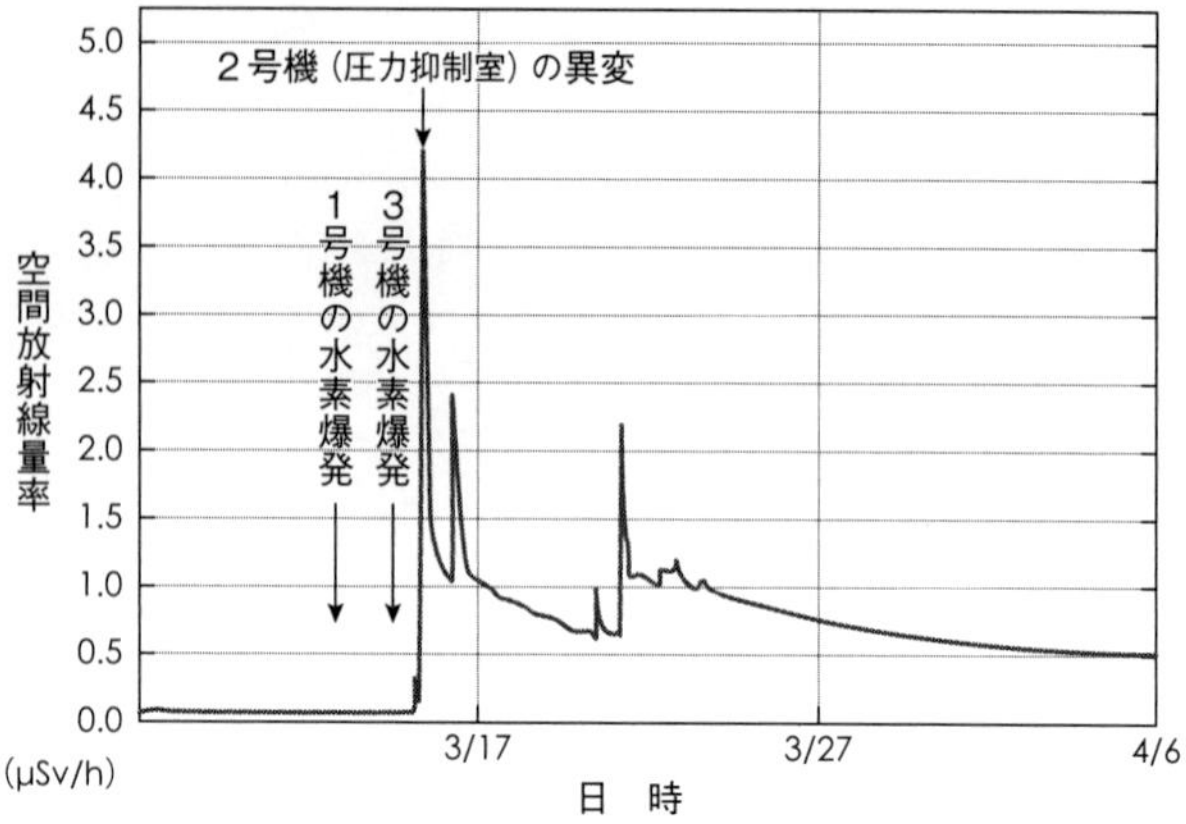

図３　事故前後の福島第一原発から約120km地点の空間線量率
（南南西方向＝ひたちなか市堀口）

出所：原子力防災ネットワーク環境防災Ｎネット（文部科学省）をもとに作成

大量の放射性物質が外部に放出された「運命の日」であった。

危機感を募らせる大畠大臣は、「官邸が機能していない。『影の助言チーム』をつくらないといけない」と話して、「影の助言チーム」結成を私に指示した。

一方で、官邸でも事故対応でバタバタするなか、菅総理から直接、「空本さんは原子力に詳しいようだから、官邸に入って手伝ってくれないか」との支援要請があった。

この日、「影の助言チーム」の結成に動き、翌一六日から本格的な活動に入った。

中心となったのは、原子力委員会の近藤駿介委員長と内閣官房参与に就任することとなる東京大学の小佐古敏荘教授であった。そして、事務局長を私が務めることとなった。

「悲劇の日」――飯舘村と放射性プルーム

‡大気拡散

では、フクシマの子どもたちは、いつ頃、どの様に被ばくしたのであろうか。「無用な被ばく」は、いつ、どの様に起きたのか。

飯舘村や福島市内での異変も、三月一五日から始まっていた。

三月一五日は、福島県内のみならず、首都圏まで放射性プルームが流れ、特に、「フクシマ」の人たちに「無用な被ばく」をさせてしまった「悲劇の日」となった。

この日の夕方から夜にかけて、2号機から午後に放出された放射性プルームは、福島第一原発の北西方向に大量かつ広域に流れ、気流とともに福島市周辺の中通り地域に広がった（次頁図4）。この日は、ちょうど、みぞれ混じりの小雨や雪が降っていたため、降下した放射性物質が土壌や森林河川などに沈着して、約三〇キロ以上も離れた飯舘村が「ホットスポット」になってしまった。福島市内でも、放射線量の高い地域が発生した。

一方、この日の朝方にも、2号機からの放射性プルームが、福島第一原発から南西に向かい、いわき市や郡山市、茨城県から千葉県へ、そして首都圏全体に大気の流れとともに拡散していった。

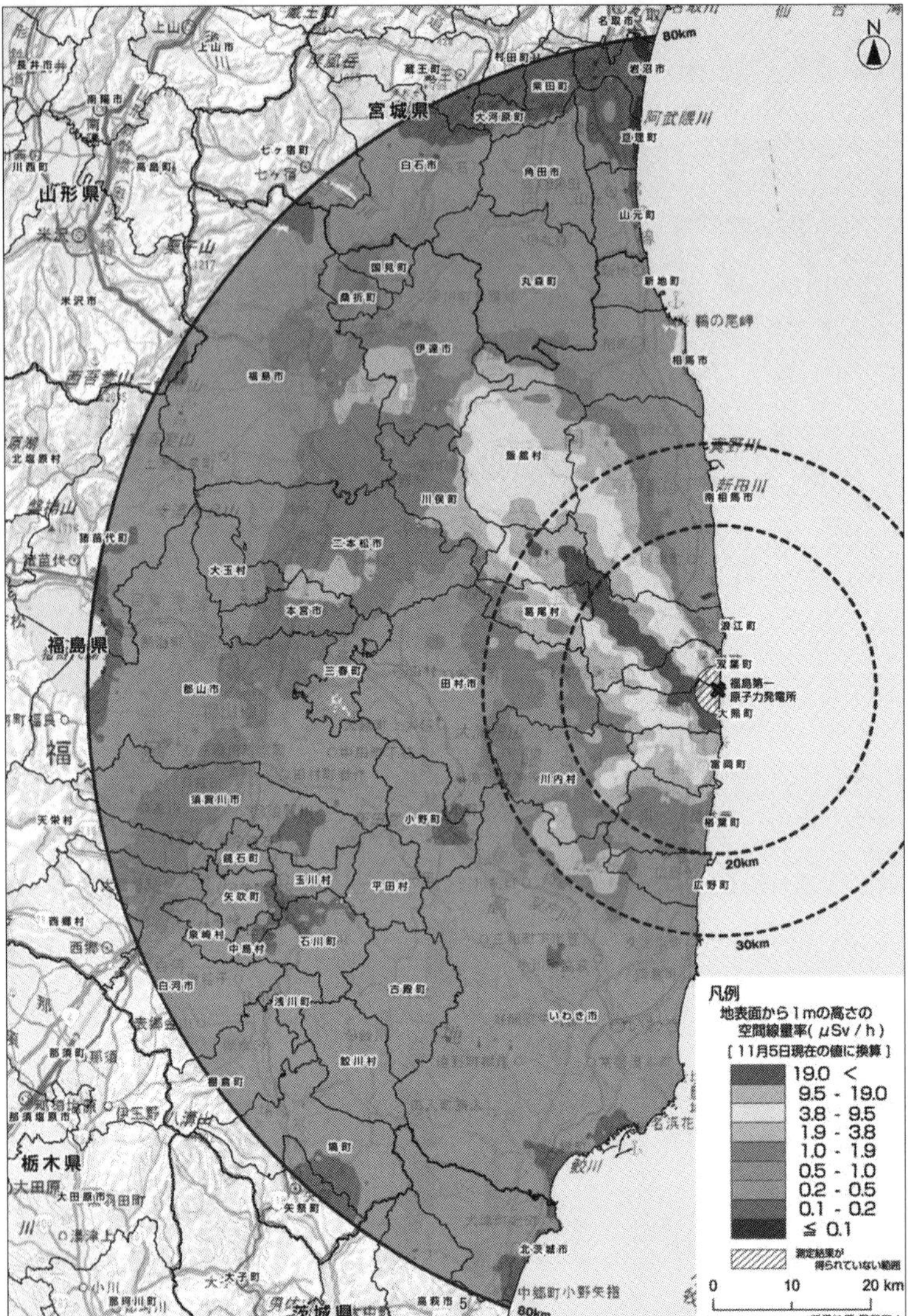

図４　第４次航空機モニタリングの結果

出所：「文部科学省による第４次航空機モニタリングの測定結果について」2011年12月16日
▶ http://radioactivity.nsr.go.jp/ja/contents/5000/4901/24/1910_1216.pdf

また、複雑な動きを見せながら、那須高原までも達していた。

さらに首都圏でも、放射性物質が農作物や水道水で次第に検出されていった。三月一九日、文科省は、一都五県の水道水について、「東京、千葉、埼玉、新潟でヨウ素１３１を検出、栃木と群馬でヨウ素１３１とセシウム１３７を検出した」と公表した。さらに、三月二〇日、「茨城県産のホウレンソウから暫定規制値の二七倍のヨウ素１３１を検出した」と報じた。五月一一日には神奈川県の茶葉からも放射性セシウムが検出され、首都圏に放射性プルームが拡散したことが測定データから実証された。

放射性プルームは、東京まで、首都圏まで届いていた。

‡緊急時迅速放射能影響予測ネットワークシステム

放射性プルームが通過した三月一五日、飯舘村で生活していた住民は、何も知らされず、日常の生活を行い、それどころか、避難してきた人たちを支援していた。南相馬市や浪江町から飯舘村に避難してきた住民は、何も知らされず、わざわざ放射線量の高い地域へ避難移動してしまった。その日の朝、全町避難の指示が出た浪江町では、何も知らされず、放射性プルームが通過する中、避難を開始していた。

この時、放射性物質の放出量や気象データから拡散状況を予測する緊急時迅速放射能影響予測ネットワークシステム「ＳＰＥＥＤＩ」は稼働していた。文科省は、ＳＰＥＥＤＩの計算結果を使って、三月一五日の夕方以降には、飯舘村や浪江町北西の緊急モニタリングを強化していた。その夜には毎時三三〇マイクロシーベルトといった極めて高い線量を測定していた。

稼働していたにもかかわらず、SPEEDIの計算結果は、住民の避難誘導やヨウ素剤の配布などにタイムリーに活用されなかった。

SPEEDIの端末は、文科省だけでなく、原子力安全委員会（原安委）、原子力安全・保安院（保安院）、そして官邸にも設置されていた。この時、関係省庁は、どの様に対応していたのであろうか。

事実、SPEEDIの計算結果の住民避難への活用の遅れにより、子どもたちへの「無用な被ばく」を長引かせてしまっていたのだが。

「帰望の灯」——フクシマの再生に向けて

‡本書のねらい

三月一六日に結成された「影の助言チーム」は、SPEEDIの活用を官邸に訴えていた。緊急モニタリングの実測値と合わせて、屋内退避・避難区域を見直すことを官邸に緊急要請していた。

三月二三日になり、すでに手遅れではあったが、原子力安全委員会は、ＳＰＥＥＤＩによって計算された「小児甲状腺等価線量」の分布図を官邸に届けた。

ここで、ようやく本格的な避難区域の見直しが始まった。

高濃度の放射性プルームは三月一五日に通り過ぎ、文科省がモニタリング強化に利用していたその時に、ＳＰＥＥＤＩが活かされなければ、意味はなかった。それから一週間以上が経過した二三日では、放射性ヨウ素は残っていたものの、極めて高濃度の放射性ヨウ素は消えかかっていたからだ。

一方で、「影の助言チーム」では、結成当日から、近藤駿介原子力委員長を中心に「最悪シナリオ」について話し合っていた。まだまだ原子炉も予断を許さない状況にあったからだ。万一の〝不測の事態〟に備えて、待避計画や移転勧告につなげようというものであった。

四月に入り、政府内では、福島県内の小学校の再開が議論に挙がってきた。四月中旬、総理大臣補佐官の細野豪志衆議院議員から「影の助言チーム」の小佐古参与と私に対して打診があった。校庭利用の目安である**『年間二〇ミリシーベルト』**基準について了解を求めるものであった。

放射線防護の第一人者である小佐古参与は、「国内制度に取り入れているＩＣＲＰ勧告などの国際基準からして、普通に子どもたちが通学する学校には容認できない」と見直しを求めたが、残念なことに、すぐに受け入れられることはなかった。

そして、四月一九日、文科省は、この目安に基づく通知文を福島県に送付した。

多くの福島県民も理解に苦しんだ［7］。

「どちらも二〇ミリシーベルトなのに、避難の基準と校庭利用の目安を一緒にしていいのか」

この一週間前、避難区域の設定の基準として、緊急時の下限値である「年間二〇ミリシーベルト」を採用し、計画的避難区域を発表していたからだ。

このような背景と経緯から、私は、「原発事故対応の真実」と「放射線防護の正しい考え方」とを明らかにすることにより、子どもたちの未来につながる「フクシマの再生」の一助になればと考え、本書を記した。

第1章では、事故当初より本格稼働していたが、何故か活かされなかったSPEEDIについて、第2章では、避難区域の見直しで揺れる官邸の動きについて、第3章では、子どもたちに適用されようとした**『年間二〇ミリシーベルト』**問題について、それらの深層を明かすとともに、「影の助言チーム」の関わりも合わせて記している。

さらに、第4章では、放射線の健康影響について解説し、フクシマの子どもたちの健康管理のあり方について考え方をまとめ、最後の第5章に「フクシマ再生」に向けての提言をまとめている。

なお、「影の助言チーム」は「官邸助言チーム」とも呼ばれていたが、本文中では「影の助言チーム」として表記している。

また、本書の文中では、**『二〇ミリシーベルト』**、二〇ミリシーベルト、「二〇ミリシーベルト」を使い分けている。**『(年間)二〇ミリシーベルト』**は**学校再開の基準（校庭利用の目安）**または**現存被ばくの上限値**を指し、「(年間)二〇ミリシーベルト」は避難区域設定の基準値または緊急時被ばく状況の下限値を表している。『　』「　」のない二〇ミリシーベルトは、それ以外（単なる数値や発言録中など）として書き分けている。

さらに、「被爆」と「被ばく（被曝）」についても使い分けを行っている。「被爆」は原子爆弾などの放射線を含む爆発により被害を受けることであり、「被ばく（被曝）」は放射線に曝されること、すなわち放射線を浴びることを意味している。

本書により、ＳＰＥＥＤＩの活用法（第1章）、避難区域の基準設定（第2章）、学校再開の基準の決め方（第3章）などを通じて、政府の動き方や決め方を知っていただくことができ、フクシマのみならず、国民の皆さんにとって、今後、「フクシマ再生」のために、行政にどの様に働きかければよいか、参考になれば幸いである。

なお、本書の執筆にあたっては、各種情報の機密性や守秘義務に配慮しながら、国会議員としての活動体験を踏まえて、政府資料や文献などの公開情報をもとに書き下ろしていった。

‡ 未来帰還の選択

さて、最も望ましい「フクシマの再生」とは、「被災前の生活や地域へ戻すこと」である。しかし、現在の汚染状況では、厳しい地域が大半である。

ならば、「避難住民が『人生の再設計』できる環境を整備して、生活再建を図ってもらうこと」を第一優先としなければならない。そのためには、行政が、地域事情に即した明確で具体的な見通しを早急に示さなければならない。

事故当初の三月二〇日頃、私は、放射能汚染により帰還困難な地域が確実にできると確信して、官邸に移住計画の立案に至急着手するよう緊急要請していた。しかし、残念なことに、その時は理解されず、受け入れられず、結局、後手後手となってしまった。

帰還が困難な地域については、心ある移住計画を至急策定して、住民との意見調整を度重ねて行わなければならない。例えば、お墓だけは守ることを約束するなど、具体的な調整をしなければならない。

帰還が見込まれる地域でも、放射能の心配は絶えず、帰還、移住、未来帰還などの幾つかの計画案を作り、住民と一緒になって練り上げていかなければならない。

県内外へ自主避難した人たちへのケアについても、行政は心を配らなければならない。

中間貯蔵施設や関連の研究施設の着工も、福島県全体の汚染土壌処理を考えれば重要ではあるが、まず避難している人たちの生活再建を優先させなければならない。

避難している被災者の心配は尽きない。

「町の復興より、生活再建を」

「本当に戻ることができるのか。いつごろ戻れるのか。戻れないと思う」

「戻っても、本当に安全なのか。大丈夫なのか」

「放射線や線量がよく分からない。低線量被ばくは心配ないか」

「子どもたちの甲状腺は大丈夫か」

「雪の少ない浜通りに帰りたい。避難先に慣れてはきたが、このままでは健康が心配だ」

「原発事故以降、不登校の子どもたちが増えている。どうすればいいのか」
「事故を契機に、色々な分断や溝が人々の中に発生してしまった」

本書では、行政の立場ではなかなか目が行き届きにくい、生活再建のポイントについても、私なりの考えを最終章に添えさせていただいた。一つでも参考となれば幸いである。

何にしても、福島第一原発の安定が、生活再建の第一の条件であることには間違いない。

❖引用・参考文献／資料

[1] USSR State Committee on the Utilization of Atomic Energy, The Accident at the Chernobyl Nuclear Power and its Consequences, August, 1986.
[2] E. Cardis. Cancer Effects of Radiation Expousure from the Chernobyol Accident, Chernobyl Conference, Vienna, 6-7 September, 2006.
[3] Chernobyl Legacy, 2nd Edition, IAEA, Vienna, 6-7 September, 2006.
[4] United Nations Scientific Committee on the Effects of Atomic Radiation, UNSCEAR 2008 Report Vol. II. Annex D, 2011.

[5] V. T. Khrushch (et. al.), Charactristics of Radionuclide Intake by Inhalation, IAEA-TECDOC-516, Proceedings of All-Union Conference on Medical Aspects of the Chernobyl Accident, Kiev, 11-13 May, 1988.

[6] S. Tokonami (et. al.), Scientific Reports 2, Article number; 507 doi:10. 1038/srep00507.

[7] 『福島民報』二〇一二年三月一八日付朝刊 (http://www.minpo.jp/)

第1章

握りつぶされた放射能拡散予測

SPEEDIは、スピーディーだったのに

衆議院・災害対策特別委員会（2011年4月7日）にて、筆者が原子力安全委員会（班目委員長）にSPEEDIの運用などについて質問。　出所：衆議院インターネット審議中継の映像から

1　知らされなかった予測情報

三月一一日の震災直後から、ＳＰＥＥＤＩは動いていた。

原子力安全・保安院も、当初は、独自にＳＰＥＥＤＩで予測計算していた。

文部科学省も、原子力安全技術センターに対して、的確に指示を出していた。

原子力安全技術センターも、確実に計算結果を配信していた。

米国大使館も、ＳＰＥＥＤＩの計算結果を入手していた。

三月一五日、文部科学省は、ＳＰＥＥＤＩの予測結果を使って、飯舘村方面の環境モニタリングも強化していた。

しかし、ＳＰＥＥＤＩの予測結果は、市町村や住民には知らされることはなかった。

すぐに住民の退避や避難に活用されることはなかった。

子どもたちの甲状腺を守るためのヨウ素剤がタイムリーに配布されることはなかった。

何故、ＳＰＥＥＤＩが活かされなかったのか？

何故、子どもたちに「無用な被ばく」をさせてしまったのか？

‡SPEEDIは準備完了

緊急時迅速放射能影響予測ネットワークシステム（SPEEDI）は、日本原子力研究所（現・日本原子力研究開発機構）で開発され、文部科学省（文科省）が所管する原子力安全技術センター（原安センター）に運用移管されているシステムである。

原子力施設から放射性物質が大量に放出される事態が発生したとき、あるいは、その恐れがあるとき、放射性物質の拡散状況や周辺環境における被ばく線量などを、放出源情報をもとに地形や気象を考慮して迅速に予測するシステムであり、住民避難などの防護対策に活用することを目的としている。

文科省の他に、官邸、原子力安全・保安院（保安院）、原子力安全委員会（原安委）、オフサイトセンター（OFC）、そして自治体などに専用端末が置かれ、専用回線を通じて、このシステムにアクセスすることができる。さらに独自に予測計算することも、配信されてくる計算結果を確認することもできる。

原発事故などの第十条通報（原災法）を受けた場合、防災基本計画（二〇〇八年二月）に従って、文科省は、原安センターに対して、SPEEDIの緊急時モードへの切り替えと放射能影響予測の実施を指示し、得られた結果は文科省の端末に配信されることになっている。

文科省は、防災計画や法令指針に基づいて、原安センターに指示を出していた。

原安センターでは、震災が発生した二時間後には、迅速にSPEEDIの予測計算に取りかかっていた。

三月一一日の一六時四〇分、文科省はＳＰＥＥＤＩの緊急時モードへの切り替えを指示していた。一六時四九分、原安センターは緊急時モードに切り替え、単位量放出を仮定した計算を開始していた。そして、一七時、原安センターは文科省への計算結果の配信を開始していた（表1）。

ＳＰＥＥＤＩは、震災当初から、確実に動いていた。放射性プルームが発生した三月一五日には、予測結果を使って、文科省は環境モニタリングも強化していた。

ここまでは問題なく対応していた。

しかし、すぐには住民の退避・避難に活用されなかった。

▼文部科学省は、官邸に、原子力災害対策本部に、保安院に、SPEEDIについて、どの様な情報提供をしたのであろうか？

▼原子力安全委員会は、どの様な助言をしたのであろうか？

一方、保安院は、原子力緊急事態の第十五条通報（原災法）を受けて、避難区域の策定に着手することとなっている。実際には、緊急時対応センター（ＥＲＣ）のプラント班が緊急時対策支援システム（ＥＲＳＳ）により事故発生時の原子炉の状態を計算し、事故の進展を予測する。続いて、放射線班がＥＲＳＳの予測に基づき、ＳＰＥＥＤＩによって避難区域を地図上に落としていく。このＳＰＥＥＤＩの予測結果は住民安全班に渡され、具体的な避難計画が策定される。

表1　SPEEDIの動き（3月11日～3月14日）

3月11日	
時刻不詳	SPDS→ERSSからの放出源情報が得られなくなる（外部電源喪失のため）
16:40	文科省が、原安センターに、SPEEDIの緊急時モード切り替えおよび単位量放出を仮定した毎時計算を指示
16:49	原安センターが、緊急時モードに切り替え、1時間毎の計算を開始
17:00	原安センターが、文科省に単位量放出の計算結果を配信開始
17:38	文科省が、SPEEDIの計算結果の4組織（保安院、原安委、JAEA、原子力災害現地対策本部〔現地対策本部：設置予定〕）への配信を、原安センターに指示
17:40	原安センターが、保安院、原安委、JAEAに計算結果を配信開始
21:12	原安センターが、様々な仮定に基づく計算結果を配信（原子力災害対策本部の依頼による）。3月12日01:12に2回目の計算結果を配信
23:30	福島県原子力センターが、原安センターに対し、単位量放出の計算結果の配信を要請
23:49	原安センターが、福島県原子力センターに、単位量放出の計算結果を電子メールで配信（震災の影響で専用端末への回線が使用不可能）
3月12日	
02:48	原安センターが、文科省に様々な仮定に基づく計算結果を配信（03:27、08:01、09:17、11:55、12:36、13:16、18:04、18:15、18:26、19:32にも配信）
03:27	原安センターが、原子力災害対策本部に様々な仮定に基づく計算結果を配信（08:01、12:36、18:04にも配信）
10:05	原安センターが、福島オフサイトセンター（現地対策本部）にファックスで配信開始（震災の影響で専用端末への回線が使用不可能）
18:12	保安院が、宮城県への単位量放出の計算結果の提供を、原安センターに依頼（1分後、文科省に連絡）
18:46	原安センターが、宮城県に、単位量放出の計算結果の提供（1回のみ、3月18日14:46から再開、以降は継続配信）
23:51	原安センターが、福島県災害対策本部に、単位量放出の計算結果を電子メールで送り始める（以後、1時間おきに受信するも、その後、取り扱いが不明確に）
3月13日	
09:40	原安センターが、文科省と原子力災害対策本部（事務局）に、様々な仮定に基づく11件の計算結果を配信。累計22件（09:45、11:02、11:32、12:11、13:41、14:07、14:41、17:19、18:55、18:55も配信）
13:33	保安院が、防衛省への単位量放出の計算結果の配信を、原安センターに依頼（依頼時、文科省了解済みと連絡）
14:01	原安センターが、防衛省に、単位量放出の計算結果の提供開始
3月14日	
07:47	原安センターが、文科省と原子力災害対策本部（事務局）に、様々な仮定に基づく5件の計算結果を配信。累計27件（11:51、11:52、12:17、14:42も配信）

出所：政府資料および［1］をもとに作成

ここで、ＥＲＳＳの開発運用は、原子力安全基盤機構（ＪＮＥＳ）に委ねられている。ＳＰＥＥＤＩの運用計算も、文科省と同じく、原安センターに任されている。

原子力災害対策本部（原災対策本部）の事務局でもある保安院は、一六時三六分の第十五条通報（原災法）を受けて、三月一一日からＥＲＳＳを動かしていた。ただし、通信インフラが震災で被害を受け、プラント情報が入手できない状態になっていたので、過去のデータベース情報をもとに、予測していた。

一一日の夜の二二時頃には、２号機がメルトダウン（炉心溶融）することを予測していた。その夜から、保安院は、ＳＰＥＥＤＩによる計算結果を官邸地下の危機管理センターに届けていた。一一日二一時一二分に第一回目の予測結果を、一二日の午前一時一二分に第二回目の予測結果を計算し、官邸の専用端末に送信している。

しかし、内閣官房ではその取り扱いはうやむやとなり、官邸中枢には伝達されなかった。

▼何故、ＳＰＥＥＤＩの計算結果は、うやむやとなったのであろうか？
▼何故、保安院では、活用されなかったのであろうか？

実は、福島第一原発が最も危険な状態だった三月一一日から一六日の間も、ＳＰＥＥＤＩの計算結果は、文科省だけでなく、関係省庁へ配信されていた。原災対策本部の事務局、保安院、防衛省、外務省、福島県、宮城県他に対して、配信もしくは情報提供を行っていた。

はじめは外務省経由であったが、一五日には、米国大使館への情報提供も原安センターから直接行われるようになった。

にもかかわらず、住民避難などの防護対策には、すぐには活かされなかった。

三月一五日早朝の2号機の異変に対しても、放射能拡散がＳＰＥＥＤＩによって予測計算されていたが、住民の退避と避難に上手く活用されなかった。

‡無用な被ばく

三月一五日は、福島県内のみならず、首都圏まで放射性プルームが流れ、フクシマの人たちが「無用な被ばく」をしてしまった「悲劇の日」であった。

朝方、海に向かって吹いていた風が向きを変え、2号機から発生した放射性プルームが、まず、いわき方面へ、そして郡山を中心とする中通り方面へ拡散していった。夕方には、午後に2号機から放出された放射性プルームが「風の道」と呼ばれる北西方向の通り道を流れていった［2－4］。

放射性プルームは、気体状もしくは粒子状の放射性物質が大気とともに流れる雲のような状態であり、放射性プルームが上空を通過するとき、その地域の空間線量率は一時的に極端に高くなる。このような、放射性プルームにすっぽりと包れた状態を「サブマージョン」と呼ぶ。

一五日朝に発生した放射性プルームが、午前中にいわきから中通りへ、午後から夕方、そして夜にかけて浪江町、飯舘村、福島市の方向に流れ込み、サブマージョンによって住民は知らず知らず高濃度の放射性物質を吸い込んでいた。この時期、多くの子どもたちがサブマージョンにより内部被ばくしてしまった。

チェルノブイリ事故でも広域に確認されているが、「ホットスポット」と呼ばれる放射線量の高い地域が分布または点在している。放射性物質の飛散による汚染の程度は、事故現場から徐々に低くなっていくとは限らない。汚染の広がりも同心円状とは限らず、まだら状やアメーバー状に広がっている。

放射性プルームが風向き・降雨・積雪などの気象条件や山・谷といった地形条件により降下する場合があり、降下した放射性物質（フォールアウト）が土壌、森林、河川などに沈着すると、「ホットスポット」と呼ばれる飛び地がところどころに現れてしまう。

この日は、ちょうど、みぞれ混じりの小雨や雪が降っていたため、降下した放射性物質が土壌や森林河川などに沈着し、福島第一原発から約三〇キロ以上も離れた飯舘村も「ホットスポット」となった。福島市内でも、放射線量が比較的に高い地域が発生し、この日から顕著な外部被ばくが始まった。

しかし、この日も、SPEEDIによって放射能拡散が予測計算されていた。文科省はこの計算結果をもとに環境モニタリングの強化を図っていたが、住民の退避や避難には活かされなかった。

図5はSPEEDIの三月下旬に発表された計算結果であるが、このような解析がすでに行われていたのだ。実際には、文科省の原子力災害対策支援本部からの指示に従い、SPEEDIの計算結果を参考にして、放射線量が高く試算された飯舘村・浪江町方面を重点的に測定していた。放射性

プルームが流れていった福島第一原発の北西の方向である。国道一一四号線と国道三九九号線が交差し、浪江町と川俣町と飯舘村が接する福島第一原発から三〇キロの近辺であった。

この時のSPEEDIによる試算は、ERSSによるプラントからの放出源情報が得られなかったことから、単位量放出の仮定により計算されていた。

三月一五日夜、二〇時四〇分～五〇分の測定では、浪江町昼曽根トンネル付近で毎時二五五～三三〇マイクロシーベルトの極めて高い数値を示していた。その直後、浪江町赤宇木と飯舘村長泥でも、毎時一〇〇マイクロシーベルトを超える空間線量率が測定された。

二一時二六分、測定したモニタリングチームは文科省の非常災害対策センター

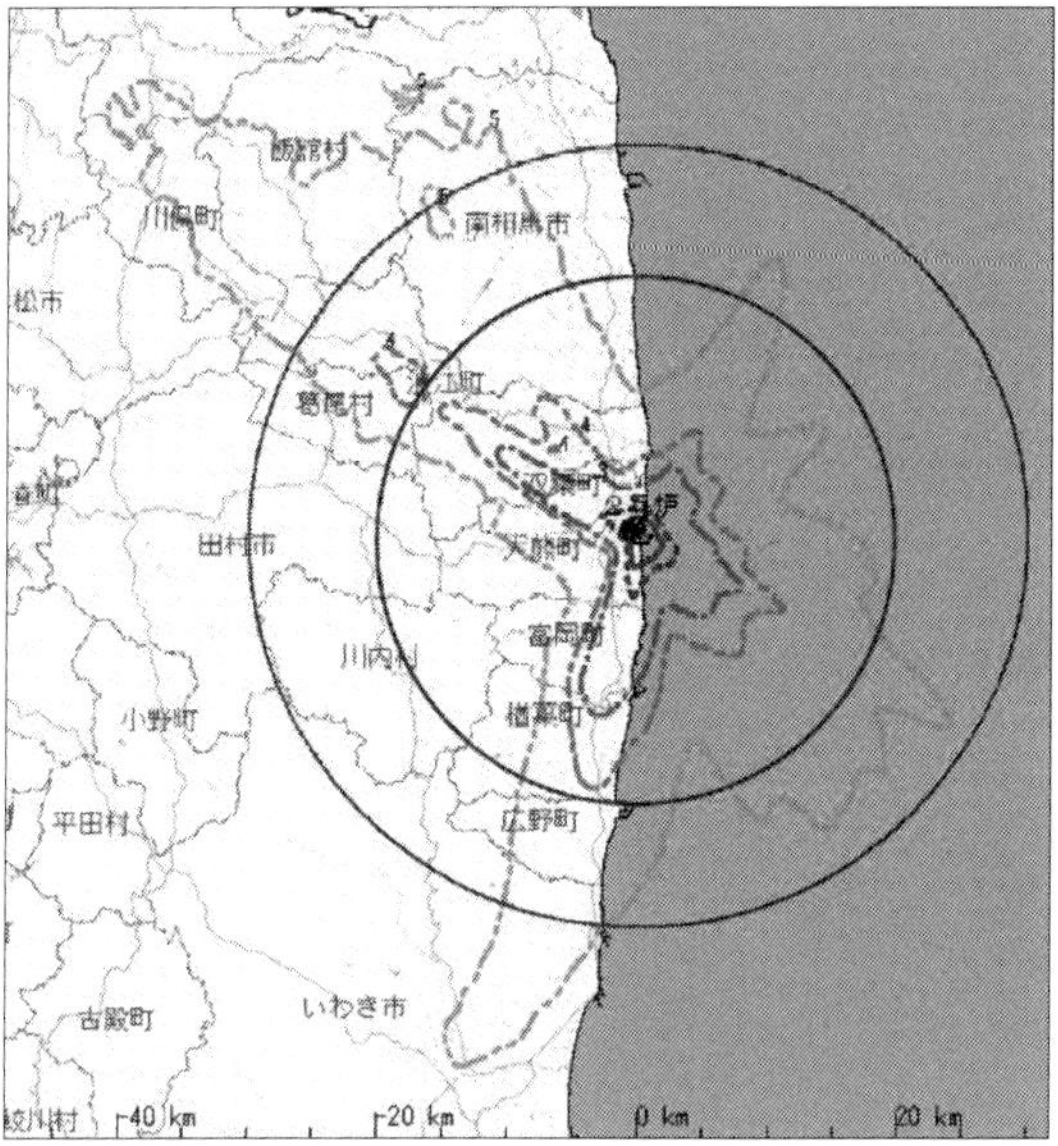

内部被ばく臓器等価線量
日時：2011/03/12　06:00～
2011/03/24　00:00の積算値
領域　：92km×92km
核種名　：ヨウ素合計
対象年齢：１歳児
臓器名　：甲状腺

【凡例】
線量等価線（mSv）
1＝10000
2＝ 5000
3＝ 1000
4＝ 500
5＝ 100

図５　内部被ばく等価線量の積算線量（３月12日06:00～３月24日00:00までのSPEEDIによる試算値）

出所：http://www.nsr.go.jp/archive/nsc/mext_speedi/0312-0324_in.pdf

（ＥＯＣ）へ電話とファックスで伝達し、文科省は官邸の緊急参集チームと原子力安全委員会にも報告している。

しかし、自治体へは連絡されなかった。

参考まで、三月一八日二二時付の保安院の資料「避難区域の考え方について（案２）」には、これらの測定ポイントの空間線量率が次の通り記されていた。

ポイント32（浪江町赤宇木手七郎：北西三一キロ）の測定では、一七日が毎時一五八～一七〇マイクロシーベルト、一八日が毎時一四〇～一五〇マイクロシーベルトであった。

ポイント33（飯舘村長泥：北西三三キロ）でも、一七日が毎時一四〇～一五〇マイクロシーベルト、一八日が毎時五二マイクロシーベルトであった。

残念なことに、これらの測定データも、現地対策本部にも関係市町村にすぐに知らされておらず、ヨウ素剤の配布や住民避難などの防護対策に迅速には活かされなかった。

ＳＰＥＥＤＩに基づく環境モニタリングの生の実測データがそこにありながら、効果的に使われなかったことは、大変、口惜しく、腹立たしくも感じる。本当に無念である。

三月一五日には、南相馬市と浪江町の多くの避難住民が、放射性プルームの通り道であった飯舘村と川俣町に向かっていた。

この時期、南相馬市からも市外への避難が始まっていた。南相馬市は屋内退避の地域に指定されていたが、希望者に対して市外への避難誘導を開始したところだった。飯舘村は原発から比較的遠くて安全だと思って、子どもたちを含む市民が避難してきたのだ。南相馬市から飯舘村や川俣町に避難した人は少なくはなかった。

また浪江町からも避難住民がこの地域に向かっていた。この日、二本松市への避難を決定し、避難を開始していたのだ。

子どもたちを含む多くの人々が、放射性プルームが流れ込んできた飯舘村や川俣町に、知らずして、飛び込んでいったのだ。小児甲状腺に障害影響を及ぼす放射性ヨウ素がそこには多く漂っていた。

しかし、近隣住民にも、避難してきた人々にも、何も知らされず、放置されたままであった。まさに、この時、「無用な被ばく」をさせてしまったのだ。

確かに、現地対策本部も急遽引越しするという大混乱の状況ではあったが、情報も錯綜していたのかも知れないが、適切な措置を講じていれば、子どもたちの無用な被ばくは抑えられた。

文科省が、ＳＰＥＥＤＩの計算結果を保安院に確実に伝え、適切に屋内退避など緊急措置を講ずるよう助言すべきであった。

保安院と原子力安全委員会が、ＳＰＥＥＤＩの計算結果に基づくモニタリングデータを迅速に評価し、ヨウ素剤の配布や屋内退避などの適切な緊急措置を指示すべきであった。

そして、原災対策本部と官邸が、交通事故などの移動時のトラブルが起きないように、日中の安全な地域への再避難を指示すべきであった。

震災直後の混乱の中とは言え、原子力防災を担う関係省庁がもっと緊密に連携して、措置を講ずるべきであった。これは政府の大きなミスであり、怠慢である。重い責任を問われても仕方がないことである。

‡世界版SPEEDI（WSPEEDI）

三月一五日、WSPEEDI（世界版または広域版のSPEEDI）も稼動させていた。WSPEEDIも、文科省所管の日本原子力研究開発機構（JAEA）でSPEEDIの機能強化として整備されたシステムである。国外の事故にも対応した一〇〇キロから数千キロまでの広域の拡散状況を予測できるシステムで、放出源情報が得られない場合でもモニタリングデータから放射性物質の放出量を逆算して推定することができる。

一五日の朝四時五〇分、文科省は、広域にわたる放射性物質の拡散傾向を把握するために、JAEAに予測計算三件を依頼した。

同日一三時五分、JAEAは、一件目の単位量放出での計算結果を文科省に配信した。計算したのはJAEAの原子力緊急時支援・研修センターであった。

一七時二一分と一八時三分、JAEAは、残り二件の全量放出が一〇時間と一時間の計算結果を文科省に配信した（**表2**）。

WSPEEDIの計算結果では、飯舘村方面だけでなく、首都圏にも、東北にも、放射性プルームが拡散していた。濃度分布は不確定ではあったが。

なお、同日一三時四四分、文科省は「一都四県（栃木県、埼玉県、千葉県、東京都、神奈川県）で

表2　SPEEDIの動き（3月15日～3月16日）

3月15日	
04:50	文科省がJAEAにWSPEEDIによる単位量放出での計算を依頼
6～7時	日本分析センター（千葉）にて放射性ダストを観測→逆推定
13:05	JAEAが、文科省に、単位量放出での予測結果を配信
13:44	文科省が、「1都4県（栃木県、埼玉県、千葉県、東京都、神奈川県）で過去最高の放射線量を観測した」と発表
14時頃	文科省記者会見にて、渡辺科学技術・学術政策局次長に対して、SPEEDIとWSPEEDIの計算結果の公表を求められる
15:10	文科省が、JAEAに、WSPEEDIの計算条件（観測されたデータからの逆推定）での計算を依頼（16:05にも依頼）
15:29	原安センターが、文科省の依頼に応じ、様々な仮定の数値を放出源情報とした5件の計算結果を文科省に配信。累計32件（15:44、17:29、18:13、18:45も配信）
17:06	在日米大使館が、原安センターに対し、外務省経由で米側に提供されている計算結果を直接提供するよう依頼
17:21	JAEAが、文科省に、WSPEEDIの計算結果を配信
17:34	原安センターが、文科省に、在日米大使館からの依頼を連絡
18:03	JAEAが、文科省に、WSPEEDIによる予測結果を配信
19:00	文部科学省の政務三役が出席した省内会合が開催（WSPEEDIの計算結果と様々な放出源情報を仮定したSPEEDIの計算結果について説明）
19:23	原安センターが、在日米大使館と米国原子力規制委員会（NRC）に、単位量放出の計算結果を直接配信開始。以後、継続配信
3月16日	
04:15	原安センターが、文科省に、様々な仮定に基づく6件の計算結果を配信。累計38件（05:20、07:25、08:59、09:30、15:35も配信）。これ以降の計算はなし
10:00	枝野官房長官らが官邸で協議。文科省、原安委、原災対策本部の役割分担決定（ただし、“SPEEDI”との文言なし）
12:30	文科省が、文科省駐在のSPEEDIオペレータ2名を原安委に移すと、原安委に電話連絡
12:54	文科省が、原安センターにオペレータ2名を原安委に移すことを連絡
14:35	オペレータ2名が原安委に移動開始
14:48	原安委が、原安センターに対し、単位量放出を仮定した計算結果を原子力安全基盤機構（JNES）に提供するように依頼
15:35	原安センターが、原安委に、様々な仮定に基づく計算結果を配信
15:35	原安委が、原安センターに対し、単位量放出を仮定した計算結果を茨城県に提供するように依頼
16:06	原安センターが、茨城県に、単位量放出を仮定した計算結果を提供開始
16:49	JAEAが、文科省に、WSPEEDIの計算結果をメール配信（原安委宛のメールをccとして）。16:49と16:52に分割してメール送信
18:45	原安センターが、JNESに、単位量放出を仮定した計算結果をファックスで提供開始

出所：政府資料および［1］をもとに作成

過去最高の放射線量を観測した」と発表している。ただし、近隣国での核実験を実施していた時期を除いてとしている。

同日一九時、文科省の政務三役が出席した省内打ち合わせが開かれ、ＷＳＰＥＥＤＩの計算結果と様々な放出源情報を仮定したＳＰＥＥＤＩの計算結果が説明された。

また別途、一五時一〇分と一六時一五分に、文科省は、ＷＳＰＥＥＤＩの計算条件についてＪＡＥＡに連絡し、再計算を依頼している。一五日朝の六時から七時にかけて、千葉県にある日本分析センターで放射性ダストが観測されたからだ。放出源に関する逆推定計算のための指示であった。

ここで、ＪＡＥＡは、一四日二一時の大気への放出と拡散とを仮定して、図6の分布図を計算した。実際は、一五日の朝の放出であった。

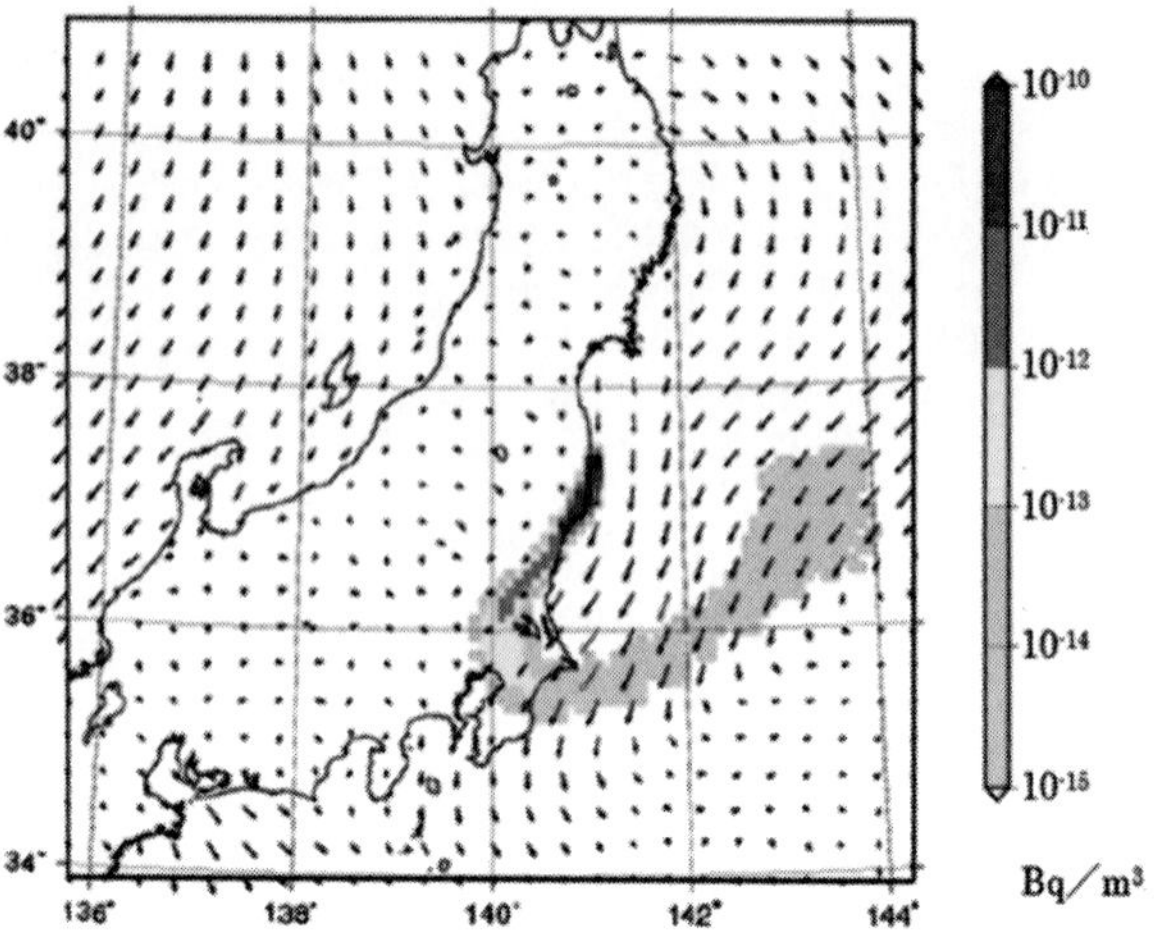

図6　WSPEEDIによる逆推定結果の一例

※３月14日21時放出を仮定しての推定。実際の分布を表しているものではない

出所：日本原子力研究開発機構「東京電力福島第一原子力発電所事故に伴うWSPEEDI－Ⅱによる放射能拡散予測結果について」2011年３月15日

計算結果は、翌一六日の一六時四九分と一六時五二分に電子メールで分割されてJAEAから返信された。ただし、宛先は、計算を依頼した文科省ではなく、原子力安全委員会になっていた。電子メールのCC(写し)として、文科省は受信したことになっている。

一六日の夕方前には、WSPEEDIの逆推定機能により、放出源情報が得られていた。

文科省は、SPEEDIとWSPEEDIの計算結果、そして環境モニタリングの実測値によって、首都圏や東北地方を含む広域に放射性物質が拡散したことを把握した。

▼ならば、何故、住民避難などに上手くつなげなかったのか?

▼避難住民や福島県民、そして国民への広報に役立てなかったのだろうか?

この答えは、SPEEDIの原子力安全委員会への移管にヒントがある。

文科省の「東日本大震災からの復旧・復興に関する文部科学省の取組についての検証結果のまとめ(第二次報告書)」[5]では、まずWSPEEDIの取扱いについて、原子力安全委員会に任せたことが書かれている。

「原子力安全委員会は、三月一六日の官邸協議以降、放出源情報を逆推定するためにWSPEEDIの解析結果を活用している。一方、文科省は三月一六日の官邸協議以降、JAEAに対して、官邸の専門家助言チームの指示を仲介した二件以外、WSPEEDIの計算依頼は行っていない」

何故か、一六日以降、文科省は他人事かのように、WSPEEDIについても、関知していないと言っている。「影の助言チーム」からの計算依頼を除いて。

三月三〇日、小佐古敏荘参与は、WSPEEDIを運用して、住民避難などの防護対策に活用するよう官邸に助言していた。

「この運用については、所管の文科省と開発主体のJAEAが中心となり、予測結果を官邸、対策本部、現地対策本部、保安院、原子力安全委員会などと情報共有して、有効に活用すべき」と。

‡原子力安全委員会への移管

SPEEDIの所掌について、「影の助言チーム」の三月二〇日の朝会合で、文科省から原子力安全委員会に移管されたことが、文科省側から伝えられた。

「官房長官から、文部科学省はモニタリングの取りまとめに専念するようにとの指示があった。外向けの取り扱い、シミュレーションは原子力安全委員会でするようにと」

文科省の「東日本大震災からの復旧・復興に関する文部科学省の取組についての検証結果のまとめ（第二次報告書）」[5]によれば、三月一六日朝、官邸内の危機管理センターの小会議室において、枝野官房長官、鈴木寛文部科学副大臣、久住静代原子力安全委員、原子力安全・保安院などによる緊急協議が開催され、環境モニタリングに関する行政庁の役割分担が決められたこととなっている。

「文部科学省は、モニタリングの実施の取り纏め、及び結果の公表。原子力安全委員会は、モニタリング情報などの評価。原子力災害対策本部は、評価に基づく対応」

これは、放射能分布を把握することを最優先として、それぞれの役割分担が、枝野官房長官の指示により整理されたものだ。

ただし、役割分担の方針では、SPEEDIの取り扱いについて具体的に明示されておらず、「原子力安全委員会との事前の十分な調整が行われず、実際には担当者間の事務的な連絡によって伝えられたことから、後に原子力安全委員会との認識の齟齬が生じたり、文部科学省が自らの責任を『押しつけた』といった報道がなされたりした」と報告している。

文科省では、一六日午前、官邸での緊急協議ののちに、政務三役出席の省内打ち合わせが開かれていた。SPEEDIの計算結果に加えて、この役割分担の方針についての説明だった。

モニタリング情報などの評価が、文科省ではなく、原子力安全委員会となったことから、文科省側で一方的にSPEEDIの移管が話し合われたのだ。

「原子力安全委員会での評価のために、SPEEDIを利用した計算が迅速にできるよう、文部科学省に駐在している原子安全技術センターのオペレータ二名を原子力安全委員会に移すべき」との旨の発言があり、政務三役で合意形成が行われた。

文科省は、この合意内容を、原子力安全委員会の事務局に事務的に連絡し、SPEEDIのオペレータ二名を原子力安全委員会に移した。

この日から、文科省では、SPEEDIの計算は、主体的には実施されなくなった。

一方、SPEEDIの所管が曖昧なまま、様々な予測計算が原子力安全委員会のもとで行われていった。

文科省は、実質、SPEEDIから手を引いたのだった。

▼何故、文部科学省は、SPEEDIの運用を原子力安全委員会に全て委ねてしまったのだろうか？

SPEEDIの計算結果について、文科省の政務三役は、「住民のパニックを心配して、公表を躊躇した」と会見で述べている。

確かに、SPEEDIの計算結果や予測図だけを垂れ流すならば国民の不安を煽るだけであろう。ここで重要なことは、文科省、保安院、原子力安全委員会、そして原災対策本部が情報を共有して、法令に基づき、周辺住民の被ばく回避・低減のために、計算結果（予測図）と住民避難などの防護対策をパッケージにして公表することであった。

そうすれば、「SPEEDIデータを公表しなかったことで『無用な被ばく』をさせた」というような非難もなかったし、試算結果をそのまま公表した場合のパニックも回避できた。国民の不安も払拭できた。

2　SPEEDIの正しい活用方法

‡放出源情報の逆推定

SPEEDIは、福島第一原発事故のように放出源情報が得られなくても、一部のモニタリングデータによる逆推定で、厳密までとはいかないが、放射性物質の拡散状況を表示することができる。放射性物質が放出され、放射性プルームが漂い出したあとでも、住民の避難に十分に利用できるものである。しかし、住民避難にはタイムリーに活用されなかった。

原子力安全委員会は、「三月一六日からSPEEDIによる試算のため、試算に必要となる放出源の推定に向けた検討をしてきた」と発表している。

三月一六日昼、原子力安全委員会は、茨城県東海村のJAEAに電話を入れた。「(原子力安全委員会のもとで)SPEEDIを使うので、サポートしてほしい」相手は、SPEEDIの「生みの親」であるJAEAの茅野政道副部門長であった。

茅野副部門長は、JR常磐線が不通であったことから、バスとタクシーを乗り継ぎ、約六時間をかけて、霞が関の原子力安全委員会に夜辿り着いた。

そこから、SPEEDIを使っての逆推定の本格的作業が始まった。

逆推定とは、環境モニタリングデータやダストサンプリング（放射能濃度）の実測値を使って、放出量を逆算して推定するというものだ。

前述の通り、前日の三月一五日には、文科省は、JAEAに放出源情報の逆推定を依頼していた。一六日午後には、文科省に計算結果が届いていた。千葉県の日本分析センターの観測に加えて、茨城県東海村のJAEAでも大気中の放射能濃度（放射性ダスト）を観測していたからだ。

一六日の夕方前には、WSPEEDIによる逆推定により、放出源情報が得られていた。

政府の事故調査・検証委員会の中間報告では、「拡散方向などを予測でき、少なくとも避難方向の判断に有効だった」と指摘している。

また茅野副部長も報道各社のインタビューで、放射能が広域に拡散した三月一五日にSPEEDIを避難などの対策に使うことができたと発言している［6・7］。

「避難の判断に用いられなかったのは残念である」

「（SPEEDIの予測で）少なくとも北西部の方向に流れそうだとは分かるわけです」

一方、三月一八日の夜、福山官房副長官は、「事務方は、放出源情報がないので使えない、計算できないと言っている」と空本に伝えた。

確かに、行政は、放出量が正確に分からなければ、SPEEDIを避難などの住民対策に使えないと、杓子定規に、慎重かつ消極的な対応をとるのが常套なのかも知れない。

しかし、原発事故という非常事態には、原子力防災の法令指針等に鑑みながら、国民の生命と安全を第一に、ある程度、臨機応変に対応することも必要である。

文科省は、三月一五日、SPEEDIの計算結果に基づき、飯舘村他の緊急モニタリングを強化していたのだから、少なくとも、子どもたちへのヨウ素剤の配布には有効活用できたはずである。三月二三日夜二一時、原子力安全委員会は、SPEEDIの計算結果を初めて公表した。放出源情報の逆推定による計算結果である。

この朝、原子力安全委員会は、原安センターからSPEEDIの計算結果を受け取り、騒然となった。原子力安全委員会に届いた計算結果は、三月一二日から二四日までの積算による小児甲状腺等価線量（内部被ばく）の分布図であった。福島第一原発から三〇キロ以上離れた地点でも小児甲状腺の被ばく線量（等価線量）が一〇〇ミリシーベルトを超え、放射能拡散が帯状に、アメーバー状に飯舘村方向へ広がる分布図であった。

原子力安全委員会と茅野副部長は驚き、すぐに官邸に報告した。そして、この報告を受けて午後、官邸では、避難区域の見直しとヨウ素剤の配布が議論されることになる。

ここで注意していただきたいのは、実効線量と等価線量の違いである。等価線量の一〇〇ミリシーベルトと実効線量の一〇〇ミリシーベルトでは、健康への影響度、リスクが大きく異なるからだ。

ちなみに、屋内退避と避難の指標は、次の通りとなっている。

【屋内退避】外部被ばく実効線量：一〇〜五〇ミリシーベルト
　　　　　　小児甲状腺の等価線量：一〇〇〜五〇〇ミリシーベルト

【避　難】外部被ばく実効線量：五〇ミリシーベルト以上
　　　　　小児甲状腺の等価線量：五〇〇ミリシーベルト以上

小児甲状腺の等価線量が一〇〇ミリシーベルト超という状況は、屋内退避の段階にあり、安定ヨウ素剤の服用の指標にもあたる。原子力安全委員会は、予想される小児甲状腺の等価線量が一〇〇ミリシーベルトに達するとき、安定ヨウ素剤の予防服用を推奨している。

三月二三日にようやく小児甲状腺の等価線量の「分布図」が示されたが、一五日の放射性プルームが通過した直後に、子どもたちへの服用を促すべきであった。

‡実効線量と等価線量

ここで、全身被ばくの実効線量と小児甲状腺の等価線量について、少し考えてみよう。ただし、実効線量と等価線量の違いは、なかなか理解しづらいものであり、この内容について興味ある方はしっかりと、苦手だと感じる方は軽く読み流していただければと思う。

まず、実効線量と等価線量について解説する。

①実効線量は、全身被ばくの影響を表す指標であり、放射線の種類を考慮して、さらに組織・臓器ごとの被ばくに重み付けをして計算し、すべてを合計して算出する。

②等価線量は、部分被ばく（局所被ばく）の影響を表す指標であり、放射線の種類は考慮するが、組織・臓器ごとの重み付けをしないで、算出する。
③放射線の種類の考慮では、放射線加重係数（ガンマ線＝一、ベータ線＝一、アルファ線＝二〇、中性子＝エネルギーに依存）を組織・臓器の吸収線量に重み付けとして掛け合わせる。
④組織・臓器ごとの重み付け（組織加重係数）は、脳＝〇・〇一、皮膚＝〇・〇一、甲状腺＝〇・〇四、生殖腺＝〇・〇八、骨髄＝〇・一二など。
⑤部分被ばく（等価線量）だけを、全身被ばく（実効線量）に変換すると、必ず、等価線量の数値が実効線量より大となる（〔等価線量〕＞〔実効線量〕）。例えば、医学治療による脳だけの被ばくの等価線量一〇〇ミリシーベルトは、実効線量一ミリシーベルトに相当する。

この解説だけを聞いても、なかなか理解できないと思う。完璧に正確だとは言えないが、健康リスクの観点から、「脳が一〇〇ミリシーベルト被ばくしたときの健康影響」は、「全身に一ミリシーベルト被ばくしたときの健康影響」とほぼ等しいと考えてほしい。

次に、甲状腺の等価線量について説明する。ちょうど比較的馴染みやすい説明表現があったので、その一部を引用させていただき、述べることとする［8］。

体内に取り込まれたヨウ素131は、ほとんどが甲状腺に取り込まれてしまう。甲状腺が生理的にヨウ素を必要としており、呼吸や食物摂取により体内に取り込まれたヨウ素は、甲状腺に集中する。ここで、甲状腺は安定同位体のヨウ素と放射性のヨウ素を区別できない。

この時、ヨウ素131によって、甲状腺だけが被ばくし、他の組織・臓器はほとんど被ばくしない。言い換えれば、ヨウ素131を体内に取り込んだ際には、甲状腺の等価線量に比べ、他の組織・臓器の等価線量は無視できる。

ここで仮に、ヨウ素131による甲状腺の等価線量が一〇〇ミリシーベルトだったとする。これは「甲状腺だけが一〇〇ミリシーベルトの放射線にさらされ、他の組織は全く放射線を浴びなかった」という状況である。

この場合の実効線量はどうなるだろうか。

最新のICRP勧告（二〇〇七年）での甲状腺の重み付けは〇・〇四なので、一〇〇ミリシーベルトと〇・〇四を掛け合わせた四ミリシーベルトが実効線量となる。実際には、他の組織の等価線量に重み付けを掛けたものを足し合わせるが、放射性ヨウ素の場合、他の組織の寄与は極めて小さく、近似的に無視することができる。

ここで急に数字が一〇〇から四に小さくなったので「ごまかされた」と感じるだろうが、もちろん、そんなことはない。

甲状腺の等価線量は、甲状腺という臓器のみへの被ばく影響を表わす数値である。これに対して、実効線量は全身への被ばくに関わる量だから、比較対象が全く違う。

この説明を読んでも、なかなか合点がいかないかも知れない。

そこで、「甲状腺が一〇〇ミリシーベルト内部被ばくしたときの健康影響」は、「全身に四ミリシーベルト外部被ばくしたときの健康影響」と、リスクがほぼ等しいと考えてほしい。

逆に言えば、「全身で二〇ミリシーベルト外部被ばくするということ」は、「甲状腺が五〇〇ミリシーベルト内部被ばくすること」と健康影響のリスクはほぼ等しく、学校再開の**『年間二〇ミリシーベルト』**という値が極めて厳しい数字であることがよく理解できると思う。

三月二三日夜に原子力安全委員会が発表したSPEEDIの計算結果では、福島第一原発から三〇キロ以上離れた地点でも小児甲状腺の等価線量が一〇〇ミリシーベルトを超えていた。原子力安全委員会は動揺した。屋内退避の指標の範囲に入っていたからだ。

屋内退避とは、数日間程度の暫定措置であり、放射線量が引き続き高い場合は、避難する必要があったからだ。

‡事後の避難対策に使えるツールだった

原子力の専門家や霞が関の中でも、「放射性物質の放出時間や放出量が分からず、SPEEDIは使えなかった」と話をすり替えている人も多い。本当にSPEEDIの実体を把握されての発言であろうか。実際に、放射性物質の放出時間や放出量の推定はERSSで行うことになっているが、ERSSの事故時の有効性検証は一体どうなったのであろうか。

元来、SPEEDIには、事前の予測機能だけでなく、事後の対策支援機能も装備されている。放出前に放射性プルームの動きを予測するだけでなく、上述の逆推定機能も有しており、実際に、福島第一原発事故でも、ＳＰＥＥＤＩの計算結果を活用して避難区域の見直しを行っている。

さらに、気象情報などから放射性物質の沈着する場所などを算定して、避難方向や避難範囲を割り出し、屋内退避・避難の優先順位や避難経路の道順などを助言してくれる避難対策ツールとしての役割もある。

本来のＳＰＥＥＤＩの活用方法は、次の通りである。

①原発事故時、水素爆発や格納容器破損等を回避するための計画的ベントを実施する場合、周辺住民に対する屋内退避または避難に利用することができる（事前の予測機能）
②福島第一原発のように放射性プルームの放出時期や放出状態が分からなかった場合でも、モニタリングデータからの逆推定により、プルーム漂流後の避難やヨウ素剤配布などの住民対策に活かすことができる（事後の対策支援機能と予測機能）

「ＳＰＥＥＤＩは避難行動を混乱させる」との見解もあるが、何をバカなことを言っているかだ。単なる予測情報だけを垂れ流すだけならば、間の抜けた話だ。全く価値がない。政府や行政側は、事前の予測情報や事後の汚染情報と合わせて、バスの準備などの具体的な避難準備を行ってから、混乱させないように指示を出さなければ、全く意味がない。

放射性物質の放出情報が分からないから拡散予測には使えないというのは、話のすり替えに他ならない。使えるものは何でも使って、事故の影響を少しでも軽減するのが緊急時対応の基本である。

予測結果が混乱を招くという話は、避難する市民へのコミュニケーションに問題があるという話で、SPEEDIが使えないという話ではない。

なお、SPEEDIには、防護対策に必要な避難所の場所や収容数などの社会環境情報も収納されている。しかし、活用された形跡もなく、情報検索できたが、誰もそれに気づかなかったのだろう。

事故発生時はドタバタするものだが、いろいろな技術を使って放射線影響を緩和するという「深層防護レベル５」の大原則を忘れてはならない。

3　遅すぎた情報公開

‡「影の助言チーム」からの要請

「影の助言チーム」では、三月一六日の立ち上げ当日から、SPEEDIについて議論をスタートさせていた。小佐古参与は、いち早く、SPEEDIによる避難区域の設定と解除についてコメントしていた。

「モニタリングデータと予測システム（SPEEDIとERSS）に基づき避難区域の設定解除を

検討すべきである」

この「影の助言チーム」の具体的な要請内容とは、
①文科省が中心となって測定しているモニタリングデータを集約して、
②SPEEDIによるモニタリングデータからの放出源情報の逆推定を行い、
③「住民の被ばく線量予測の実施」「周辺住民の被ばく線量の評価」「屋内退避・避難等の実施（解除）区域案の作成」などを至急行う
というものであった。

実は、小佐古参与と空本も、過去に原安センターの事業に参画した経験があり、SPEEDIの存在を把握していた。

実際にSPEEDIを動かしている原安センターの職員とも連絡を取り合っていた。SPEEDIがどうなっているか確認したところ、手順通りに計算していた。

「（震災直後の）最初の二時間は電源ダウンでモタモタしていましたが、そのあとは粛々とやっています」

また小佐古参与と空本は、文科省から現地に派遣されたモニタリングチームからも情報を得ていた。

三月一七日の「影の助言チーム」会合では、最優先項目としてまとめ、緊急助言した。

「事象進展シナリオを合理的な設定の最悪シナリオにし、予測システム（SPEEDIとERSS）により線量分布予測の検討を行うべきである。汚染区域の評価と避難解除の関連も考慮のこと」

三月一八日の朝会合でも、小佐古参与と近藤委員長から発言があった。

まず、小佐古参与から、現地のモニタリング情報が説明された。

「文科省の水戸事務所から、福島県庁で毎時一三マイクロシーベルト、福島市役所で毎時五マイクロシーベルト、福島インターチェンジで毎時八マイクロシーベルトが測定されていると今朝連絡を受けた。どうして高くなっているのかERSSとSPEEDIの情報を合わせて、原子力安全委員会の助言を官庁系の方には流してあげる必要がある」

続いて、近藤委員長が発言した。

「合理的な最悪シナリオは、今の避難、屋内退避の範囲でいいか確信したいということ」

二〇～三〇キロの屋内退避と二〇キロ圏内の避難区域には限界があり、周辺住民には相当な不便を強いている。生活も苦しくなっている。だからこそ、合理的な最悪シナリオとSPEEDIの計算計算に基づいて、屋内退避・避難区域を早急に見直すべきであった。

一八日夕方の「影の助言チーム」では、福島第一原発から三〇キロ超の地点で測定された実測データに基づき、屋内退避・避難区域の見直しが議論された。

北西三〇キロ超のポイント32（浪江町）で毎時一四〇マイクロシーベルトを継続的に観測していた。三月一八日一三時の時点で、約三日連続の空間線量の積算値が屋内退避基準の一〇ミリシーベルトを超えている可能性があった。ガンマ線以外の線種（ベータ線）による内部被ばくも加算すると、すでに一〇ミリシーベルト以上を被ばくした可能性があった。

小佐古参与から、被ばく線量評価とSPEEDIについて指摘があった。

「ベータ線も含めて被ばく線量を評価すること」

「原子力安全・保安院にて、SPEEDIで計算するための放出源情報を安全委員会へ提示する必要がある。安全委員会が、この放出条件でSPEEDI計算を行い、その結果に対する見解を出すべき」

保安院で2号機の格納容器損傷による放出量をERSSで試算し、さらにSPEEDIの計算結果から屋内退避・避難区域を見直すべきというものであった。

三〇キロ超の地点のモニタリングデータからも、屋内退避区域や避難区域の拡大条件が揃ってきていた。二〇～三〇キロの屋内退避区域と二〇キロ圏内の避難区域の妥当性評価と拡大について至急とりまとめる必要があった。

この議論は、「影の助言チーム」に出席していた保安院（根井寿規審議官）と経済産業省（中山義活政務官）とも情報共有されていた。

一八日夜、保安院のERCの住民安全班でも、一七～一八日の三〇キロ地点でのモニタリングデータに基づき、避難区域の見直し（案）の検討が行われ、翌一九日に取りまとめが行われていた。三月一八日二二時に保安院で策定された「避難区域の考え方について（案2）」では、SPEEDIの計算結果は、まだ活用されてはいなかった。

SPEEDIの予測結果と環境モニタリングの実測データの情報発信のあり方についても、「影の助言チーム」で議論していた。

小佐古参与から、発信情報の充実と広報体制の強化が指摘された。

「（ＳＰＥＥＤＩや環境モニタリングなどの住民向けの）広報が弱い。プラント情報の発信に負けないほどの情報を出さないと」

「国民に発表するための基礎判断材料として、論拠・根拠を含めた複数パターンのＳＰＥＥＤＩの結果が早く必要である」

「避難している人に対して、大まかでもいいので今後の見通しを広報する必要がある」

「検討している事実とその結果を避難している人に伝えるための広報体制の強化が必要である。現地のストレスは相当なもの」

さらに、小佐古参与は、計算結果や実測データの公開は、採るべき対策と合わせてパッケージで知らせなければならないと考えていた。そして、採るべき対策の検討にあたって、ＳＰＥＥＤＩに加えて、汚染マップの活用を考えていた。

「福島の方々にとって厳しい選択になることは承知しているが、放射性物質の降下沈着による広域にわたる土壌の『汚染マップ』を至急作成して、ＳＰＥＥＤＩの計算結果とともに、①緊急の避難・退避措置、②立入り制限とスクリーニングとモニタリング強化、③食物・飲料水等の摂取制限、④農産物の作付け制限、⑤健康調査、⑥土壌・森林の除染などについての具体的対策を取りまとめていかなければならない」

ところで、ＳＰＥＥＤＩについて、官邸中枢は把握していたのだろうか。原子力の技術者でも、プラントには詳しいが、一般に原子力防災には疎く、ＳＰＥＥＤＩを知らないのがほとんどであった。政治家に至っては、よほどの原子力通でなければ、ＳＰＥＥＤＩの存在について知らないのは当然なこと。

ならば、ＳＰＥＥＤＩを所管する霞が関の事務方は、官邸に的確に情報提供したのであろうか。ＳＰＥＥＤＩを知る政府の専門家は、官邸に指南したのであろうか。

ただし、原発事故前年の菅総理が参加していた二〇一〇（平成二二）年度原子力総合防災訓練で、確かにＳＰＥＥＤＩは活用されていたのだが。

‡官邸が動き出した

「影の助言チーム」からの働きかけを受けて、官邸は動き出した。

空本は、福山官房副長官に「影の助言チーム」の提言内容を伝えた。

「ＳＰＥＥＤＩは動いていますが、どうなっていますか。ＳＰＥＥＤＩの計算結果に基づいて汚染マップを至急作成し、効率的なモニタリングや屋内退避・避難区域の見直しに活用すべきです」

三月一八日の夜、福山官房副長官から空本の携帯電話に連絡が入った。

「事務方は、放出源情報がないので使えない、計算できないと言っている」

官邸では、ＳＰＥＥＤＩについて文科省、原子力安全委員会、保安院に確認していたのだ。

確かに、震災直後から全電源喪失で放出源情報をＳＰＥＥＤＩは得られなくなっていた。

ＳＰＥＥＤＩでは、事故時、東京電力の緊急時対応情報表示システム（ＳＰＤＳ）から伝送されてくる原子炉内情報データを、福島第一原発の敷地内に設置された国のＥＲＳＳを介して受け取ることになっていた。しかし、全電源喪失で、全く得られなくなっていた。

このような時、原子力安全委員会が定めた「環境放射線モニタリング指針（二〇一〇年四月改訂）」では、ＳＰＥＥＤＩの事故発生直後の使用について、

①事故発生直後の初期段階においては、放出源情報を定量的に把握することは困難であるため、単位放出量又は予め設定した値による計算を行う。

②予測図形を基に、監視強化する方位や場所及びモニタリングの項目等の緊急時モニタリング計画を策定する。

と定めており、緊急時環境放射線モニタリングを実施することとなっている。

万が一、原子力事業者や安全規制担当省庁からの放出源情報が得られない場合でも、単位量放出（毎時一ベクレルの放射性物質の放出）があったと仮定して計算し、モニタリングの強化を図ることとなっている。

空本は、再度要請した。

「放出源情報がなくても計算できます。モニタリングデータと合わせて汚染マップを作成することができます。ＳＰＥＥＤＩを正しく動かして下さい」

福山官房副長官はＳＰＥＥＤＩの使い方について空本に要請した。

「どの様な計算をさせればよいのか、安全委員会他に具体的にどの様な指示を出せばよいのか。事務方への指示をまとめてほしい」

小佐古参与と空本は、直ちに依頼事項をまとめ、官邸にファックスで送った。

①SPEEDIの計算を行うにあたって、合理的な最悪のケースに相当する放出源情報を、二、三のケースに分けて報告すること（原子力安全・保安院）

②現状の二〇キロ〜三〇キロの屋内退避、避難領域を変えるべきか否か、安全委員会の見解を求める。その際には、根拠となる①の放出源情報を使用し、SPEEDIの結果等をあわせて提出すること（原子力安全委員会）

③飲食物・飲料水摂取制限についての安全委員会の見解を求める。その基礎データとなる、環境サンプリングデータの入手をどの様な体制で行うべきか報告すること（原子力安全委員会）

官邸は、本格的に動き出した。SPEEDIについて、原子力安全委員会と保安院に計算を指示した。そして三月二三日の原子力安全委員会の公開につながっていった。

‡役所の壁

「影の助言チーム」の立上げからの数日後（三月二〇日前後）、空本と小佐古参与は、文科省の森口泰孝文部科学審議官（のちの事務次官）と議員会館で話をした。SPEEDIの運用状況について確認するためであった。

ＳＰＥＥＤＩはフル稼働しているが、計算結果は住民対策に直接活かされていない。何故なのか、それを確認するためであった。

当初より、文科省側を実質的に動かしている人物は誰なのか調べていた。直談判して、ＳＰＥＥＤＩを使っての住民対策強化を進言するしかないと考えていた。そして、旧科学技術庁出身の森口審議官であることを突き止めた。

空本は、森口審議官と連絡を取り、議員会館で会うことになった。ちょうど、森口審議官が官邸での用事を済ませたあと、立ち寄ることになった。二三時頃、森口審議官は、二人の職員を同行して、空本の議員室を訪ねてきた。

空本からＳＰＥＥＤＩの運用について尋ねた。

「ＳＰＥＥＤＩを活用する必要がありますけど、ＳＰＥＥＤＩはどうなっているんですか。原子力防災のマニュアルや指針では、文科省が動かすことになっていますが」

小佐古参与と空本は、「原子力防災関係資料集（法令、指針等）」（二〇一〇年五月）と「原子力災害対策マニュアル」（二〇一〇年九月）を取り寄せて、原子力防災に係る関連法令と指針等を再度確認していた。

この時、同行してきた一人の側近が否定的な回答をした。

「これは単なるマニュアルです。今は緊急時ですから、緊急時は別にやればいいんです」

後日分かったことであるが、文科省側からの回答に反して、文科省ではＳＰＥＥＤＩを環境モニタリングに的確に活用していた。関係する省庁や自治体に計算結果を配信していた。マニュアル通りであった。ただし、住民の退避・避難には有効に活用されなかった。

何故、文科省は、事実に反するような回答をしたのだろうか。疑問が深まるばかりであった。

文科省の「東日本大震災からの復旧・復興に関する文部科学省の取組についての検証結果のまとめ（第二次報告書）」〔5〕では、文科省の役割の範囲が限定的であったことを主張している。

「原子力災害対策マニュアルでは、ＳＰＥＥＤＩの運用等に関する各機関の役割を以下のように規定している」として、以下の通り記載されていた。

- 文部科学省は、原災法第十条に基づく通報を受けた場合、原子力安全技術センターに対し、（中略）放射能影響予測を実施するよう指示する。その結果を（中略）転送するとともに、関係省庁に連絡する。
- 安全規制担当省庁（今回は原子力安全・保安院）は、地方公共団体からのモニタリング結果、原子力事業者からの放射性物質の放出状況、事故進展予測、影響予測情報等をとりまとめて、内閣官房、指定行政機関、関係地方公共団体に連絡する。

文科省は、ＳＰＥＥＤＩの計算結果の関係省庁への連絡が、役割であるとしていた。

当然、空本も小佐古参与も、文科省と保安院との役割分担については理解していた。保安院にもＳＰＥＥＤＩがあり、住民の防護対策などを直接仕切るべきところは、保安院と現地対策本部の放射線班であることも理解していた。

しかし、ＳＰＥＥＤＩを一番熟知しているのは旧科学技術庁系の文科省とＪＡＥＡと原安センターであった。

一方、三月一一日、保安院では、ＥＲＣのプラント班と放射線班がＥＲＳＳとＳＰＥＥＤＩの計算を行っていた。そして、計算結果が官邸地下の危機管理センターに届けられていた。しかし、うやむやとなった。総括班の班長は、ＥＲＳＳやＳＰＥＥＤＩの予測状況を把握していなかった［9］。

そして、ＥＲＳＳもＳＰＥＥＤＩも事前想定の通り使えないという認識が保安院の中に広がり、避難区域の設定にあたっては同心円を適用した。一二日、半径二〇キロ圏内が避難区域となった。一五日、半径二〇キロ以上三〇キロ圏内の居住者に屋内退避が指示された。

三月一八日夜、ＥＲＣの住民安全班では、避難区域の考え方の見直しが議論されていた。ただし、飯舘村や浪江町のモニタリングデータだけによる見直しであり、ＳＰＥＥＤＩの予測結果は活用されていなかった。

小佐古参与と空本は、ＳＰＥＥＤＩの活用は、住民の避難誘導だけでなく、汚染マップの策定やオフサイト対策につながるものであり、極めて有効であると考えていた。だからこそ、文科省が率先してＳＰＥＥＤＩの効果的な運用を行う必要があると考えていた。

原発事故対策の文科省の事実上の指揮官である森口審議官に直談判したのだった。

「今は緊急時ですから、緊急時は別に」というなら、前向きに、マニュアルを飛び越えて、対策本部と官邸に文科省からＳＰＥＥＤＩの活用を強く進言してほしかった。

ここに、「役所の壁」が大きく立ちはだかっていたと感じる。

役所の消極的思考と行動が見え隠れしていたと感じる。

過去を振り返ってみると、一九九九年に発生した茨城県東海村のＪＣＯ臨界事故の際、旧科学技術庁が、規制当局として事故対応を担った。その時は、科学技術庁が事務局をしていた原子力安全委員会が先頭に立って対策に向かった。核燃料加工施設内で核燃料の加工中に起きた事故であった。ウラン溶液が臨界状態（核分裂の連鎖反応が持続する状態）に達して、約二〇時間この状態が継続し、二名の死亡者を出すという被ばく事故であった。

福島第一原発事故では、科学技術庁に代わり、経済産業省内の保安院が規制当局として事故対応を担った。

ＪＣＯ臨界事故が直接的原因とは言わないが、これ以降の省庁再編に伴い、科学技術庁は、文科省、内閣府の原子力安全委員会、経済産業省の保安院に分割されてしまった。

当時、科学技術庁は、我が国の科学技術立国という国際的な立ち位置から、省への昇格が取りざたされていたが、ＪＣＯ臨界事故を境目に分割へと進んだ。

このような背景からなのか、福島第一原発の事故当初、旧科学技術庁系は、福島第一原発事故に対して消極的であると感じていた。

一例として、文科省は、官邸の指示とはなったが、ＳＰＥＥＤＩを原子力安全委員会に一方的に移管し、環境モニタリングの取りまとめだけに絞った。住民の被ばく評価から手を引いた。

福島第一原発事故では、経済産業省内にある保安院が主体となって対策すべき事故で、環境モニタリングは強化するものの、役所の大きな壁があり、矩《のり》を踰《こ》えてまではといったところではなかったのだろうか。

保安院の職員で構成される現地対策本部の放射線班は、原子力災害において、①緊急時モニタリングデータの収集・整理、②地方公共団体の災害対策本部への緊急時モニタリングの指導・助言、③SPEEDI等を活用した住民の被ばく線量予測の実施、④周辺住民の被ばく線量の評価、⑤屋内退避・避難等の実施（解除）区域案の作成など、様々な役割を確かに担うことになっている。

だが、これら業務内容は、文科省や原子力安全委員会に係わる部分ばかりで、もっと緊密にやりとりをすべきではなかったのだろうか。

‡予測情報の所有権は？

▼SPEEDIは適切に活用されていたか。SPEEDIの計算結果の公表は適切であったか。

文科省の「東日本大震災からの復旧・復興に関する文部科学省の取組についての検証結果のまとめ（第二次報告書）」[5]で、次のように結論づけている。

- 文部科学省は、単位量放出のSPEEDI計算結果を関係機関に配信する役割を果たすとともに、SPEEDI計算結果を緊急時もモニタリングに活用した。
- SPEEDI計算結果を避難等の指示内容の検討に活用するよう、関係機関に踏み込んで助言するところまでしていなかった。

- 事故発生直後にＳＰＥＥＤＩ計算結果を扱える立場にある文部科学省としては、ＳＰＥＥＤＩの機能の説明等を含む計算結果の適切な公表に係る注意喚起など、関係機関に何らかの助言を行うことを検討すべきであった。

何度も繰り返すが、文科省は、三月一五日夜以降、ＳＰＥＥＤＩの計算結果を活用して、福島第一原発から北西方向三〇キロ近辺の緊急モニタリングを強化した。しかし、ＳＰＥＥＤＩの計算結果は住民の避難指示にすぐには活かされなかった。

文科省は、ＳＰＥＥＤＩ計算結果を住民の避難等に活用するよう、関係機関に、特に保安院と対策本部に踏み込んで助言するところまでしなかった。

「影の助言チーム」は、この活用を三月一六日から強く要請していたのだ。

一五日から文科省が踏み込んで進言していればと悔しさがこみ上げてくるだけである。

三月二三日の朝、原子力安全委員会からＳＰＥＥＤＩの逆推定の計算結果が出てきた。一八日の小佐古参与と空本から福山官房副長官への依頼を受けてのものだった。そして、ようやくＳＰＥＥＤＩの計算結果を避難区域の見直しに活用する方向となったのだ。

二三日午後、空本と小佐古参与が官邸に呼ばれてから、専門家による避難区域の見直しが本格的に始まった。

さらに、三月二三日夜二一時、原子力安全委員会はＳＰＥＥＤＩの計算結果を初めて公表した。

一二日から二四日までの積算による小児甲状腺等価線量の分布図であった。

公表直前に官邸の官房長官発表で、「現時点で直ちに避難や屋内退避をしなければならない状況だとは分析をいたしておりません」と報じている。

ただし、一枚の計算結果（分布図）が示されただけだった。

後述するが、この日の夕方、小佐古参与、空本、保安院、文科省、原安センターの専門家が別室に集まり、詳細検討に入った。そして、翌二四日に提示された追加データを踏まえて、避難方針の見直し案を策定した。これを受けて、翌々日の二五日、官邸から避難区域の方針の見直しが公表された。

このような手続きが、三月一二日あたりからスタートしていれば、一五日の2号機の異変による広域の汚染拡大に対して、防護対策をしっかりと取れたと思う。

ここで旧科学技術庁系の文科省と原子力安全委員会は、ＳＰＥＥＤＩの計算結果とその解釈、そして今からとるべき対策をパッケージにして、保安院と対策本部に助言して、どの様に広報するかを官邸も含めて一緒に検討すべきであった。

住民避難の決定は、保安院の職員で構成される現地対策本部の役割となっているが、霞が関の事務方がとりまとめて、官邸にて議論し、現地対策本部が指示を出していくのは、当然の流れである。

そして、広報する場合は、原災対策本部、現地対策本部または保安院が行うことになる。

ＳＰＥＥＤＩの公表については、防災基本計画（二〇〇八年二月）や原子力災害対策マニュアルなどでは前提とはされていない。これは当然なことで、単に計算結果だけを垂れ流しても、余計な混乱を招くだけだからだ。計算結果とモニタリング結果と具体的な住民対策（避難指示など）をパッケージにして報じるべきものである。

政府事故調も、「仮に単位量放出予測の情報が提供されていれば、各地方自治体及び住民は、より適切に避難のタイミングや避難の方向を選択できた可能性があった」と報告している。

ただし、住民対策などとのパッケージでの情報提供でなければ、自治体は余計に混乱するのだが。

❖引用・参考文献／資料

［1］福島原発事故記録チーム編『福島原発事故　タイムライン２０１１－２０１２』岩波書店、二〇一三年

［2］Kyoto University Research Reactor Institute, International Symposium on Environmental monitoring and dose estimation of residents after accident of TEPCO's Fukushima Daiichi Nuclear Power Stations, Shiran Hall, Kyoto, Japan, December 14, 2012.
▼http://www.rri.kyoto-u.ac.jp/anzen_kiban/outcome/Proceedings_for_Web/Cover_and%20Index_of_proceedings'2012.pdf

［3］Masahiro Yoshida and Tominori Suzuki, Environmental radiation measurements immediately after the accident and dose evaluations based on soil deposition.
▼http://www.rri.kyoto-u.ac.jp/anzen_kiban/outcome/Proceedings_for_Web/Topics_1-12.pdf

［4］プレス補足資料 ▼http://www.jaea.go.jp/02/press2011/p1106302/hosoku.pdf

［5］文部科学省「東日本大震災からの復旧・復興に関する文部科学省の取組についての検証結果のまとめ（第二次報告書）」二〇一二年七月二七日
▼http://www.mext.go.jp/component/a_menu/other/detail/__icsFiles/afieldfile/2012/07/26/1323887_01.pdf
［6］『東京新聞』二〇一一年三月一一日電子版配信（http://www.tokyo-np.co.jp/）
［7］『西日本新聞』二〇一一年六月一三日付朝刊（http://www.nishinippon.co.jp/）
［8］田崎晴明「やっかいな放射線と向き合って暮らしていく基礎知識」
▼http://www.gakushuin.ac.jp/~881791/housha/
［9］『朝日新聞』二〇一一年六月二八日電子版配信（http://www.asahi.com）

第2章

先送りされた避難区域

屋内退避から、計画的避難へ、そして長期帰還困難区域へ

避難区域へつながる川俣町の小作交差点。国道349号（富岡街道）から国道114号へ
（2011年4月17日の現地調査で筆者撮影）。

1　官邸と原子力安全委員会の動揺

‡動揺から見直しへ

三月二三日、ＳＰＥＥＤＩの予測分布図一枚が、原子力安全委員会（原安委）から官邸に示された。この予測分布図をめぐり、避難区域を見直すべきか、ヨウ素剤を配布すべきか、官邸と原子力安全委員会は動揺した。

実は、三月一八日、小佐古敏荘参与は、屋内退避者について、「ＳＰＥＥＤＩを活用して、避難区域と屋内退避区域を見直すべきである」と官邸に強く訴えていた。

三月二三日夕方、官邸の動揺を受け、小佐古参与ら専門家は、ＳＰＥＥＤＩによる予測結果をもとに検討に入った。そして、翌二四日、「二〇～三〇キロの屋内退避区域の住民を自主避難させる」という避難区域の拡大方針を官邸と原子力安全委員会に提言した。避難時の準備と事故回避を考慮しての提言でもあった。

翌々日の二五日昼前、小佐古参与ら専門家の提言をもとに、官邸から避難区域の方針の見直しが公表された。「屋内退避区域の住民への自主避難の積極的な促進」に関するものであった。

原子力安全委員会も、二五日昼前の臨時会で「放射性物質の放出が継続すると考えざるを得ず、屋内退避区域のうち線量が高いと考えられる区域に住む住民に対し積極的な自主的避難を促すことが望ましい」との見解をまとめるに至った。

一方、三〇キロ以遠については、三月二四日、小佐古参与らは、「三〇キロ以遠での緊急モニタリングと土壌分析を実施して区域見直しをするべき」と要請していた。三月三一日にも、再度、飯舘村の立ち入り制限（避難区域設定）を緊急提言していた。三〇キロ圏外で高線量が計測されていたからだ。

しかし、四月二二日の計画的避難区域の変更となるまでに三週間以上が費やされた。

‡退避指示の経過

プラント状態と退避指示の関係

政府は、福島第一原発の全電源喪失により、三月一一日一九時三分に「原子力緊急事態宣言」を発令し、同日夜に「避難・屋内退避」の指示を発表した。

まず、「原子力緊急事態宣言」を受けて、政府は二〇時過ぎに半径三キロ圏内の避難を検討。二一時頃、危機管理センターでは、周辺住民の避難のためのバス一〇〇台を調達開始。

そして、二一時二三分、初めて、福島第一原発から半径三キロ圏内の避難指示と三～一〇キロ圏内の屋内退避指示が総理から福島県と大熊町と双葉町に出された。二一時五二分の官房長官会見では、避難指示と合わせて「放射能は現在、炉の外には漏れていない」と発表している。

偶然か、二一時二三分の避難指示は、1号機のメルトダウン（炉心溶融）に対して的確なものとなった。

一応、原災対策本部は、一八時一五分頃、1号機の炉心の露出する可能性があることを認識していたが、すぐに非常用冷却系のIC（非常用復水器）が動作しているとの報告を現地から受けていたので、最優先の関心事項とはならなかった。のちに、東京電力は、一八時一〇分頃に1号機の炉心露出が始まり、一八時五〇分頃に炉心損傷がスタートしたと発表している。

一方、この避難指示の直前、福島第一原発の現場では、1号機ではなく、2号機の炉心露出を心配していた。

二一時二分の福島第一原発の緊急対策室からのファックスでは、「2号機において原子炉水位が不明であり、（中略）、原子炉水位がTAF（有効燃料頂部）に到達する可能性がある」として、「地域住民に対し、避難するよう自治体に要請の準備を進めています」と伝えていた。このファックスは、保安院、福島県、大熊町、双葉町に発信されたものであった。しかし、二二時一一分のファックスで、2号機の安全水位が確認され、前のファックスは撤回された。

ここで注意すべきは、二一時二分のファックスに添付されていたプラント関連パラメータの表で「IC作動」とあったことだ。1号機も原子炉水位が不明と記されていたが、現地では、非常用復水器は停止することなく正常に動作していたと誤った判断をして、1号機の危機状況を見逃していたのではないだろうか。

一一日夜から一二日未明にかけて、正門付近の放射線量が上昇、格納容器のドライウェル圧力も異常上昇、ベントを検討など、1号機の対応で慌ただしかった。一二日の二時四五分と二時四七分には、1号機の原子炉圧力が約〇・八メガパスカルで、ドライウェル圧力が〇・八四メガパスカルであることが分かり、ほぼ均圧となっていることが判明した。原子炉底部がメルトスルー（溶融貫通）した可能性が示されていたのだ。

そして、第二回目の避難指示として、翌一二日朝五時四四分に、半径一〇キロ圏内に避難区域が拡大された。

一二日一五時一八分、東京電力は保安院に対して、1号機のドライウェル圧力が低下したことから、「ベントによる放射性物質の放出」と判断したことを連絡した。しかし、一五時三六分、1号機の原子炉建屋で水素爆発が発生してしまった。

第三回目の避難指示として、同日一二日の夕方一八時二五分に、半径二〇キロ圏内の避難指示が出され、大熊町と双葉町の全域に加えて、富岡町の全域、楢葉町、川内村、浪江町、葛尾村、南相馬市、田村市の各自治体の一部まで対象地域が広げられた。

この時、2号機と3号機のベント準備が開始されていたが、2号機では原子炉隔離時冷却系が、3号機では高圧注水系が、それぞれ作動し、まだ余裕があった。

翌一三日からは、炉心冷却、水素爆発対策、格納容器のベントなど、3号機の様々な対応で慌ただしくなっていた。しかし、一四日一一時一分、3号機で水素爆発が発生した。

さらに、一四日の二三時頃から翌一五日の未明にかけて、2号機でもドライベントを試みようとしていたが、なかなかドライベントができず、状態は悪化していった。

一五日早朝、原発周辺の放射線量が急激に上昇した。その時点では発生箇所の究明はできていなかったが、2号機か4号機で爆発が起きたと判断している。事実は、2号機の格納容器につながる圧力抑制室付近が損傷して、放射性物質が漏えいし、周辺の放射線量が急激に上昇したのだった。また、六時一二分頃、4号機の原子炉建屋でも爆発が推測されている。

このような状況下で、三月一五日一一時六分、半径二〇キロ以上三〇キロ圏内の居住者の屋内退避が総理から指示された。屋内退避の目的は、放射性プルームからの外部被ばく（全身）および放射性物質の吸入による内部被ばくを低減することにある。屋内退避日数は、国際的には二日（IAEA基準／GS－R－2）から数日（ICRP基準）を想定しているが、我が国では決められていなかった。ただし、外部被ばくによる実効線量で一〇～五〇ミリシーベルトとしていた。

そして、十日後の三月二五日、「屋内退避区域の住民への自主避難の促進」が発表された。SPEEDIによる計算結果と一七日～一八日の緊急モニタリングの実測データを受けて、放射性プルームにより汚染した地域が二〇キロ圏外にも広がったことが判明したからだ。

政府は、事故当初の原発周辺の屋内退避・避難の指示について、水素爆発などの危機からの緊急回避措置として同心円状に避難区域を設定した。これは、爆発などの物理的影響を考えると、やむを得なかった。当然であった。

自治体の退避指示

一方、各自治体では、政府の指示とは別に、震災によって情報回路が寸断されたことから、独自の避難指示を決断することとなった［1］。

福島第一原発と第二原発に最も近い大熊町、富岡町、双葉町、楢葉町では、全町避難をそれぞれ一二日朝の六時二一分から八時の間に住民に対して順次指示している。

浪江町では、一二日一一時二〇分に二〇キロ圏内の避難指示。そして、放射性プルームが流れた一五日九時に、SPEEDI情報が知らされることもなく全村避難を指示している。

放射性プルームが一部通過した葛尾村では、通過前夜の二一時一五分に全村避難を指示。

南相馬市（小高区、市原町区）では、国の屋内退避・避難区域の設定に即して、国からの指示通りの同心円状で避難指示を行った。

川内村では、一五日の自主避難勧告と一六日七時の全村避難指示。

広野町では、一二日夜の自主避難呼びかけと一三日一一時に全町避難指示。

田村市では、一二日に都路地区全域に避難指示、一五日に三〇キロ圏内の屋内退避指示、二五日の屋内退避対象地区の自主避難の呼びかけ、二八日の二〇キロ圏内避難地域の立入禁止、四月一八日の屋内退避・自主避難地域の追加。

住民への避難指示の権限は、市町村長にあったことから、政府の避難指示とは関係なく実施された。独自の的確な決断であったと評価されている［1］。

四月一一日、「計画的避難区域と緊急時避難準備区域の設定」についての考え方が官房長官より公表され、二二日に総理指示が出された。

六月以降、原災対策本部の通知として、伊達市、南相馬市、川俣町の各自治体の一部に特定避難奨励地点が設定される（六月三〇日、七月二一日、八月三日、一一月二五日）。
九月三〇日には、原災対策本部長の指示として、緊急時避難準備区域が解除される。

‡小児甲状腺等価線量

前述の通り、二三日朝、原子力安全技術センター（原安センター）に依頼していた小児甲状腺等価線量（内部被ばく）の分布図が原子力安全委員会に届けられた。
放射線に対して感受性の比較的高い一歳児に対する計算結果（試算値）であった。

内部被ばく臓器等価線量の積算線量の計算条件
【積算期間】二〇一一年三月一二日〇六時〇〇分〜三月二四日〇〇時〇〇分の積算値
【領　域】九二キロ×九二キロ
【核種名】ヨウ素合計
【対象年齢】一歳児
【臓器名】甲状腺
【計算条件】二四時間、屋外に居続けた場合の評価
【逆推定】ダストサンプリング実測データ（福島県二か所と茨城県一か所）を利用

この分布図では、等価線量で一〇〇ミリシーベルトを超える地域が、北西および南南西方向の屋内退避区域（三〇キロ圏）の外側まで広がり、広域の避難住民や周辺地域の子どもたちが放射性ヨウ素の吸引によって内部被ばくした可能性があることが示されていた。

ただし、この試算は、連続して一日外で過ごすという保守的な条件を仮定しており、過大評価との見方もあった。

この計算結果をチェックした茅野副部長と久住静代原子力安全委員は驚き、班目春樹原子力安全委員長とともに、すぐに緊急の避難命令とヨウ素剤の配布を官邸に進言した。ヨウ素剤の配布指標である一〇〇ミリシーベルトを超えた地域があったからだ。

しかし、この時点でのヨウ素剤の服用は、効果が非常に薄かった。

参考まで、ヨウ素剤は、原則として、放射性プルームの通過前の事前服用を推奨しており、放射性プルームが通過した三月一五日からすでに一週間以上が経過していること、ヨウ素剤の服用回数は副作用を考慮して一回に限られること、ヨウ素剤の効力も服用してから三日間程度（七二時間で体外排出）であることなどから、三月二三日の時点では、配布服用のタイミングを逸していたのだ。

三月二三日午前、原子力安全委員会の久住委員とJAEAの茅野副部長が官邸を訪れ、細野補佐官、伊藤危機管理監、そして枝野官房長官に重大な事態であることを説明した。

この時、枝野官房長官がSPEEDIの予測結果一枚を公表することを決めた。

三月二三日夜二一時、原子力安全委員会は、SPEEDIの計算結果を初めて公表した。放出源情報の逆推定計算による推定結果であった。

なお、得られた推定結果は、①二四時間屋外に居続けた場合の評価であり、②福島県二か所と茨城県一か所の実測データによるもので、③また避難の実施には事前の準備と時間が必要であることなどから、直ちに避難区域の拡大はせず、後述の専門家による検討を直ちに行うこととなった。

‡官邸騒動

三月二三日一四時半頃、空本の携帯電話が鳴った。総理執務室にいた福山哲郎官房副長官からの電話だった。

「空本さん、どこにいる。至急、総理執務室に小佐古先生と一緒に来てほしいんだけど」

要件の詳細は分からなかったが、菅直人総理へ助言を欲しいとのこと。緊急の案件が発生したのだろう。ちょうど、官邸隣の衆議院の第一議員会館で小佐古参与と作業をしていたところだった。すぐに歩いて官邸に向かった。

空本と小佐古参与は、急ぎ官邸に入っていった。時刻は一四時三五分であった。

総理執務室では、避難区域の拡大とヨウ素剤の服用について、原子力安全委員会の班目委員長と久住委員が菅総理に説明していた。

総理執務室では、菅総理が奥のソファーに、総理の左手に枝野官房長官と福山官房副長官と伊藤危機管理監が、総理の右手に班目委員長と久住委員と茅野副部長が、総理と対面する手前ソファーに文部科学省（文科省）の森口審議官と明野課長だった思うが、座っていた。

手前ソファーの席を空けてもらい、空本と小佐古参与が菅総理と向き合う形で座った。

総理執務室には、ソファー席のメンバーに加え、十数名の役人が手前ソファー席の後ろに座り、数十名の官僚が入り口近くの会議テーブルを囲んでいた。総メンバーで、四〇～五〇名程度ではなかっただろうか。

午後二時過ぎからSPEEDI結果についての官邸レクが行われ、午後二時半から「避難地域の再指定に関する会議」が開かれていたのだ。

空本と小佐古参与が部屋に入ったとき、菅総理は原子力安全委員会に対して立腹気味だった。福山官房副長官からの電話でも、「総理が荒れている。ちょっと来てほしい」と聞いていたので、それほど驚くこともなかったが、大変だなとは感じていた。

班目委員長と久住委員はSPEEDIの予測分布図一枚をもとに、「避難区域の拡大を検討してほしい」ということを色々と説明していた。

しかし菅総理は、SPEEDIの予測図を右手に振りかざしながら、叱責気味に言った。

「よくわからない。分かるように説明してくれ」

班目委員長が繰り返し説明をしていたが、不機嫌そうな菅総理への説明の仕方として、要領を得ていないと感じた。

‡安定ヨウ素剤の服用

久住委員もヨウ素剤の服用について力説していた。

「ヨウ素剤を服用させるべきです」

小佐古参与が放射線防護の専門家として説いた。

「いまさら、そんなことを言っても遅い。(放射性物質が大量に放出される前の)三月一一日から一五日にかけて配っておかなければならなかった。ヨウ素剤は放射性プルームが通過する前に飲まなければ意味がない。終わってからやっても意味はない」

小佐古参与は、放射性プルームの通過状況、緊急モニタリングデータ、安定ヨウ素剤の服用方法と効力と副作用などから総合的に判断して、タイミングを逸していると説明したのだった。

久住委員が反論した。

「ヨウ素剤は服用させても一定期間のみ有効です。万が一を考えて避難の時に服用すべきです」

空本は不思議に思った。

「放射性プルームは通り過ぎ、放射性ヨウ素は今の時点では低減しているのに」

放射線医学総合研究所の酒井一夫放射線防護研究センター長が付け加えた。

「ヨウ素剤内服の有効期間は一日程度です」

空本は、原子力安全委員会は、このままで本当に大丈夫かと、いまさらながら心配になった。

放射性プルームの放出状況を原子力安全委員会は全く理解していないのではないか。プラント状況を全く把握していないのではないかと不安に感じた。

福島第一原発から北西方向の広域汚染はいつ頃起きたのか、今も飯舘村や川俣町の方向に放射性プルームが大量に流れ出ているのか、そしてプラント状況を本当に理解しているのか、疑問に感じた。放射性プルームが通過した三月一五日からすでに一週間以上が経過していて、安定ヨウ素剤の効果はほとんどないのだけれどと思った。

ただし、今後の様々な事態に備えて、安定ヨウ素剤の事前配布は検討しておかなければならないが、今すぐ避難させて、避難のときに服用させるまでの状況にはなかった。

ちなみに「影の助言チーム」では、毎朝の会合で、東京電力からのプラント情報を尾本原子力委員と保安院から、モニタリング情報を文科省から、総合的な情報を近藤委員長と小佐古参与から説明してもらい、情報共有していた。

原子力安全委員会は、三月二五日午前に開催された臨時会議でも、安定ヨウ素剤の服用について再確認している。

まず、「屋内退避者が避難する場合は、避難を優先すべきであり、安定ヨウ素剤の服用は補完的なものである」としており、避難の時に、新たな内部被ばくが無い状況では服用の必要性がないことを確認していた。

また、「放射性ヨウ素が吸入あるいは体内摂取される（前二四時間以内または直後に服用することは大きな効果を期待できるが）二四時間以降であれば、服用の効果は小さい」としており、放射性プルームが通過して一週間以上経過した時点での服用は意味がないことも確認している。

ヨウ素剤の服用が話される中、菅総理から「SPEEDIの予測結果が何故これまで公表されなかったのか」といった質問があり、ヨウ素剤の服用の話はいったん中断した。

避難命令

総理執務室で引き続き、SPEEDIの計算結果の公表が議論されるなか、枝野官房長官から突然発言があった。

「夕方の記者会見で、新たな避難命令を発表します」

小佐古参与は、緊急の避難命令に異議を唱えた。

「(放射性)プルームがすでに飛んで行ってしまったとすれば、外に出る方が危ない。もっと外部被ばくする」

「もう夕方です。これから夜になると、暗い中、何千人と逃げ惑うことになります。お年寄りや子どもたちもいます。夜に避難するのは危険です。今日は止めた方がいいです」

小佐古参与は、合理的な根拠のないままに避難命令を出すことの危険性を訴えたのだ。原安センターが計算したSPEEDIの予測分布図は確かだとは思うが、ただ一枚の予測図だけであり、専門家によって十分検討されたわけではなかった。検討するための情報もなかった。

枝野官房長官も、「これからバスを準備することも難しい。避難させるなら安全に行わなければならない」との旨の理解を示した。

一方、班目委員長は、SPEEDIの予測図をもとに、ただちに二〇キロ圏以遠の住民を避難させるべきだと訴えた。さらに三〇キロ圏以遠の住民避難も視野に入れるべきだと主張した。ただし、一枚の予測分布図だけで、十分な説明資料もなく、議論の入り口に達していなかった。

小佐古参与は、一言反論した。

「方針もなく、やみくもに避難することには反対です」

小佐古参与は、今ここで「避難区域の拡大」をすぐに決めるのではなくて、検討材料を用意して、ただちに専門家による検討をすべきだと考えた。

収拾がつかない状況に、菅総理は声を荒らげて言った。

「俺にこれでどう判断しろというのか。もういい。専門家は専門家同士でやってくれ」

菅総理は立ち上がり、総理机に移動し、パソコンをいじり始めた。

途中から顔を出していた寺田学総理大臣補佐官が、空本に声をかけてきた。

二人は総理執務室の隅に移り、相談した。

「専門家でやってくれと総理がおっしゃってますから、ここは一度閉めましょう」

「専門家だけで、やってもらえますか」

空本は了解した。

「そうですね。別に専門家だけでやりましょう。急いで」

空本が専門家会合を引き取った。

一五時三〇分、寺田補佐官が会議を閉じた。

2　自主避難から計画的避難へ

‡専門家会合

夕方一七時、空本は、官邸での議論を受け、中央合同庁舎四号館一一階の共用会議室に専門家を集めた。ＳＰＥＥＤＩの計算結果（分布図）に基づく避難区域の再設定とヨウ素剤の服用について、専門家により方針を決定するためだった。

放射線防護の専門家として小佐古参与、保安院の平岡英治次長、文科省の明野吉成課長とＪＥＡＥ職員二名、原安センターの鈴木富則理事他一名が集まった。原子力安全委員会からも班目委員長が最初顔を出していた。

専門家会合は、原子力を専門としていた空本が司会を務めるかたちで進められた。

小佐古参与から、十分な議論のないまま「三〇キロ圏内の住民避難」を進言したことに、一言苦言を呈して、会議は始まった。

「原子力安全委員会はもっと冷静に考えてもらわなければならない」

福山官房副長官が、会議開始から数分後、顔を出し、「専門家による十分な議論により避難区域の再設定などの方針をまとめてほしい」という官邸の指示を再度伝えた。

小佐古参与が、原子力安全委員会の班目委員長に対して、「三〇キロ圏内の住民避難」の必要性について説明を求めたところ、班目委員長から異議申し立てがあった。

「私はすぐ逃げろと言った覚えはない」

出席者は互いに目を合わせ、先ほどの官邸での発言からの一八〇度の方向転換にビックリした。空本は原子力安全委員会の無責任さに声を張り上げてしまった。

「嘘を言わないでください」

福山官房副長官も呆れ顔で一言、班目委員長にお願いした。

「班目委員長、正直に言ってください。お願いします」

班目委員長は、「私はSPEEDIの結果のプレス発表の準備をしなければいけないので」と言って退席した。原子力安全委員会からの協力は得られなくなってしまった。

この専門家会合では、原安センターからSPEEDIの様々なデータが、文科省からも線量評価の専門家（JAEA）による計算結果が、持ち寄られた。

SPEEDIの推定結果については、原安センターでもう少し推定精度を上げたいとのことで、もう一日猶予をとのことだった。

またJAEAの計算結果は、屋内退避指標の等価線量一〇〇ミリシーベルトが二〇～三〇キロに達することが示されていて、概ねの傾向は正しかった。JAEA担当者は「まだ精度は保証できない」と言っていたが、WSPEEDI（世界版または広域版のSPEEDI）を使わなくても、これは時間をかけず簡易計算できるものであった。

ＪＡＥＡの計算結果は、三月一五日朝と一六日午前のＭＰ６（モニタリングカーと正門付近前）の実測データを用いて簡易的に解析されたものであった。三月一五日朝は七時三〇分から一〇時三〇分までの上昇したピークデータを、一六日は一〇時から一二時三〇分までの上昇したピークデータを用いていた。

すでに放射性プルームが通り過ぎ、一週間以上も経過していることから、避難区域の再設定は一日二日を争うものではなかった。そこで、翌日の二四日の同時刻に再度集まり、原安センターの計算結果が揃ってから取りまとめることとした。

また安全な避難体制構築に向けた十分な準備も必要であった。もし万が一、緊急避難が必要となった場合の交通手段などについても議論した。

三月二四日一七時、専門家会合を前日と同じ共用会議室で再度開催した。

文科省が集約している環境モニタリングデータ、原安センターが計算したＳＰＥＥＤＩの計算結果、保安院で検討している避難区域の考え方（案）などを持ち寄って、本当の専門家の議論を行った。

保安院の住民安全班では、三月一八日、避難区域の見直し検討の中で、自主避難という考え方を生み出していた。

なお、この議論にあたっては、小佐古参与と空本は、「原子力防災関係資料集（法令、指針等）」「原子力災害対策マニュアル」「原子力災害ハンドブック」「ＩＣＲＰ勧告」「ＩＡＥＡ／ＧＳ－Ｒ－２」などを確認準備して対応した。

議論は、スムーズに運び、避難区域およびヨウ素剤の服用の考え方、さらに当面の対応を集約していった。これを内閣官房参与からの緊急提言「避難区域およびヨウ素剤服用の考え方に関する助言」としてまとめ、官邸、原子力安全委員会、保安院、そして文科省へ、その夜に直接届けた。

この緊急提言を受け、原子力安全委員会は、翌二五日の午前一一時三〇分から、第一九回臨時会議を開催した。

第一議案の「緊急時モニタリング及び防護対策に関する助言について」では、避難区域およびヨウ素剤の服用の考え方が議論されていた。

前夜届けてあった内閣官房参与からの緊急提言をもとに、委員会資料の第一号「緊急時モニタリング及び防護対策に関する助言（案）」が整理されていた。原子力安全委員会では、「自主避難」ではなく、「自主的避難」という表現を使っていた。

‡自主避難

三月二五日一一時四六分、政府は、官房長官会見にて「屋内退避区域住民への自主避難の積極的な促進」を発表した。前夜に小佐古参与が官邸に提出した緊急提言に基づき策定されたものだった。

原子力安全委員会も一一時三〇分開始の臨時会議で、同様の内容を委員会からの助言として承認したが、時間的に間に合わず、官房長官会見に直接反映されることはなかった。

前述の通り、「自主避難」という考え方は、保安院で考案されたものだった。保安院は、元々、三月一七〜一八日の緊急モニタリングデータの評価から、屋内退避地域の見直しについて原子力安全委員会から連絡を受けていた。

「約三日程度で屋内退避に関する指標の下限値（一〇ミリシーベルト）に達するため、（中略）屋内退避地域の一部見直しについても検討する必要がある」

保安院の住民安全班は、これを受け、「自主避難」や「自主的避難」という文言を含む「避難区域の考え方について（案2）」を三月一八日二一時付で策定した。三月一九日朝には原子力安全委員会に回答返信としてファックスで打診していた。

二四日の専門家会合では、まず屋内退避区域の考え方（方針）を防災指針やICRP勧告を踏まえて、まとめていった。さらに二〇〜三〇キロの屋内退避区域、三〇キロ以遠の比較的線量の高い地域についての具体的対応について議論した。

議論はあくまで、現状で得られた環境モニタリングの実測データとSPEEDIとWSPEEDIのシミュレーション結果からの科学的判断に基づくものではあるが、屋内退避している住民の生活環境や避難誘導などの安全対策も踏まえてのものであった。

二〇〜三〇キロの屋内退避区域については、「自主的避難が望ましいこと」「自主的避難にあたっては、避難場所を確保した上で、天候や曜日（交通事情）を考慮すること」などを進言した。

三〇キロ以遠については、「三〇キロという範囲を拡大（変更）する必要はないこと」「三〇キロを超え、空間線量率が高い地域については、更なる環境モニタリングの結果や土壌分析の結果を踏まえて、再度、避難区域の見直しの再評価を行うこと」などとした。

三〇キロ以遠の空間線量率が高い地域については、住民の被ばくは放射性プルームの通過時が支配的であったこと、放射性プルーム通過からかなりの時間が経過していること、高い空間線量率は土壌森林への沈着によって生じていることから、飯舘村方向について今後の迅速な見直しは必要ではあるが、一日を争うような緊急の避難指示までは必要ないものと判断した。

官邸は、専門家会合の緊急提言をもとに、屋内退避は数日間の暫定措置であること、物流に停滞が生じて生活が困難となること、今後の避難指示を想定した諸準備も加速させる必要があることなど、様々な観点からの政治判断として、「自主避難の促進」を発表した。

そして政府は、環境モニタリングなどの更なる強化を進め、「避難区域の妥当性評価および拡大見直し」に着手した。

小佐古参与や空本らの専門家チームは、原災対策本部や現地対策本部と関係自治体とが連携を図って、避難区域の更なる見直し拡大を見据えて、自主避難の期間中に、しかっりとした避難体制を築き上げてもらうことも期待していた。

しかし、この自主避難については、地元からの不信感や反発の声もあった。

「三〇キロ圏まで避難を指示してほしかった」と南相馬市の桜井勝延市長は残念がる。「屋内退避」という政府の判断が、市民の放射線への不安を助長した［2］。

南相馬市の職員は「原発事故の危険性ではなく、物資が届かない生活困難を理由にした国の自主避難の呼び掛けは説得力がなく、市民の疑問に答えていない」と話す。市民からは、避難が必要なのかという問い合わせが相次いでいるという［3］。

一方で、自主避難の発表により、自治体は在宅の寝たきり高齢者らの移送などの準備を進めることができた。

政府が屋内退避指示から自主避難を促した南相馬市では、「市は自衛隊などと協力し、今後避難指示に切り替わった場合などに避難させるための準備を進めている。市によると、自衛隊がこの区域で各家庭を訪問し、病気や寝たきりでバスでの移動が難しく搬送が必要な人数を把握した。厚生労働省によると、半径三〇キロ圏内の入院患者や特別養護老人ホームなどの施設入所者は、既に県外への移送をほぼ完了。しかし在宅患者は『状況が分からない』として移送の対象外となっていた」[3]。

「影の助言チーム」の小佐古参与や空本らは、高齢者や病人などの交通弱者への対応も考慮していた。

‡原子力安全委員会の強化

「影の助言チーム」は、三月一九日、原子力安全委員会の強化を官邸に訴えた。事ある毎に、原子力安全委員会の対応をみるにつけ、委員会の運営管理体制や委員長をはじめとする委員の仕切りに問題があるのではと感じていた。

原子力安全委員会の事務局の岩橋理彦事務局長と小原薫課長らは精一杯の努力はされてはいたが、人員不足で仕切れるのか不安を感じていた。

空本と小佐古参与が尾本原子力委員室での作業を終え、夜遅くではあったが、原子力安全委員会を覗いたとき、岩橋事務局長ただ一人頑張っていたが、他の職員の顔は見えなかった。

空本から細野補佐官に、原子力安全委員会の強化を訴えた。外部支援が絶対に必要である。まず小原課長の前任者も加えることが最適かと考え、放射線医学総合研究所（放医研）に戻っていた梶田氏を推薦した。

官邸内でも、班目委員長の更迭について議論されたことがあったが、事故直後であり、社会的インパクトも大きいこと、国会の同意人事であることなどから見送られていた。

三月二八日、官邸は、トップ機能強化として、保安院の広瀬研吉元院長を内閣府参与に、文科省の加藤重治大臣官房審議官を安全委員会事務局（兼任）に、さらに四名の技術参与を登用し、事務局体制の強化を図った。

機能強化された原子力安全委員会は、避難区域の見直しに本格的に着手した。

三月二九日、原子力安全委員会は、「三〇キロ以遠の浪江町と飯舘村の住民はできるだけ屋内に滞在することを推奨する」との見解を官邸に報告した。

これは三月一五日から二八日まで屋外に居続けたとしての積算線量が約二八ミリシーベルトとなり、防災指針の指標である屋内退避レベル一〇～五〇ミリシーベルトの下限値をすでに超えていると判断したからだ。

‡ 計画的避難区域

三月二四日、小佐古参与らによる専門家会合でも、三〇キロ以遠での緊急モニタリングと土壌分析を強化して、区域見直しを検討するよう求めていた。特に、飯舘村方向の見直しを迅速に行うように要求していた。

この指摘にもかかわらず、原子力安全委員会が強化されるまで、政府の動きは遅かった。

三月二三日から二八日の土壌モニタリングの結果、飯舘村を含む高線量地域が立ち入り制限すべき避難区域であることが、明らかになった。

そこで三月三一日、小佐古参与は、三〇キロ圏外で高線量が計測された飯舘村の立ち入り制限（避難区域設定）を緊急提言として、再度助言した。

原災対策本部は、三月三一日以降、文科省が作成した年間積算線量の推計結果をもとに、原子力安全委員会と避難区域の見直し検討を開始した。この時の取りまとめ役は、急遽就任した広瀬研吉内閣府参与であった。

広瀬参与らは、原子力安全委員会として、まず避難区域の変更手続きを決めて、関係者間で確認していた[4]。

変更手続きは、三つの手順で進められることとなっていた。

第一に、原子力災害対策本部長が、防護区域の変更について原子力安全委員会の意見を聴く。二〇キロ以遠において、空間線量率の積算線量が高くなるおそれのある場所が見込まれるが、緊急事態応急対策を実施すべき区域のあり方について、原子力安全委員長の意見を求めるというものである。

第二に、原子力安全委員会が、原子力災害対策本部長に意見を伝える。計画的避難区域の設定が適当である旨を回答するのである。

最後に、原子力災害対策本部長が、公示することにより、防護区域を変更する。ここでは、原子力安全委員会の意見を踏まえて、具体的な計画的避難区域を設定するという手筈であった。

この時点で「計画的避難区域」についての概案をほぼ固めていた。

四月七日には、避難区域の線量基準が決められた。

計画的避難に係る基準を設定するにあたっては、「合理的に達成できる限り低く」の考えを考慮して、「年間二〇ミリシーベルト」とすることが適当であるとした[5]。

さらに、「警戒区域」を含む三区域の概念図が示された[6]。

四月一〇日、原子力安全委員会は、第二二回臨時会議を開催し、「計画的避難区域」と「緊急時避難準備区域」に関する助言を形式的に承認した。

同日一〇日の夕方、福山官房副長官、細野補佐官、現地対策本部の松下忠洋経済産業副大臣が福島入りし、佐藤雄平知事、菅野典雄飯舘村村長、桜井勝延南相馬市長、古川道郎川俣町長と会談し、「計画的避難区域」について説明した。飯舘村に対して、「全村避難」のお願いを事前に打診した[7]。

四月一一日一六時九分、官房長官会見で、「計画的避難区域」と「緊急時避難準備区域」の設定

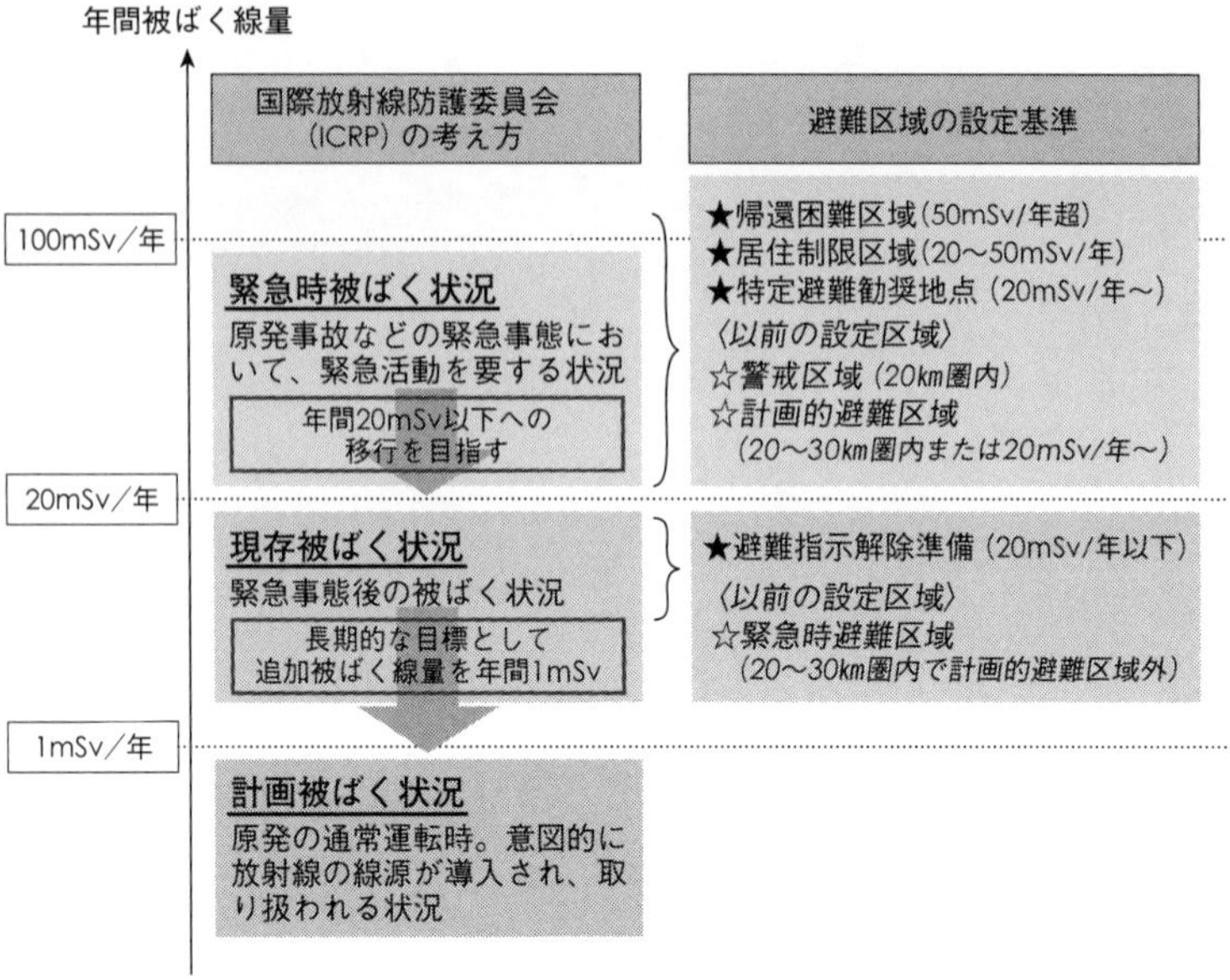

図7　原発事故後の被ばく状況に関する国際放射線防護委員会（ICRP）の考え方と政府の避難区域設定

出所：ICRP勧告および政府資料をもとに作成

が発表された。

「ICRP、IAEA基準による、年間二〇～一〇〇ミリを考慮し、積算が「二〇ミリシーベルト」に達する恐れのある地域を指定したい。具体的には、葛尾村、浪江町、飯舘村、川俣町の一部、南相馬市の一部が該当」

ICRPとIAEAの緊急時被ばく状況における放射線防護の基準値（年間二〇～一〇〇ミリシーベルト）を考慮して、事故発生から一年の期間内に積算線量が「二〇ミリシーベルト」に達するおそれある区域を「計画的避難区域」とした（図7）。

さらに「屋内退避区域」のう

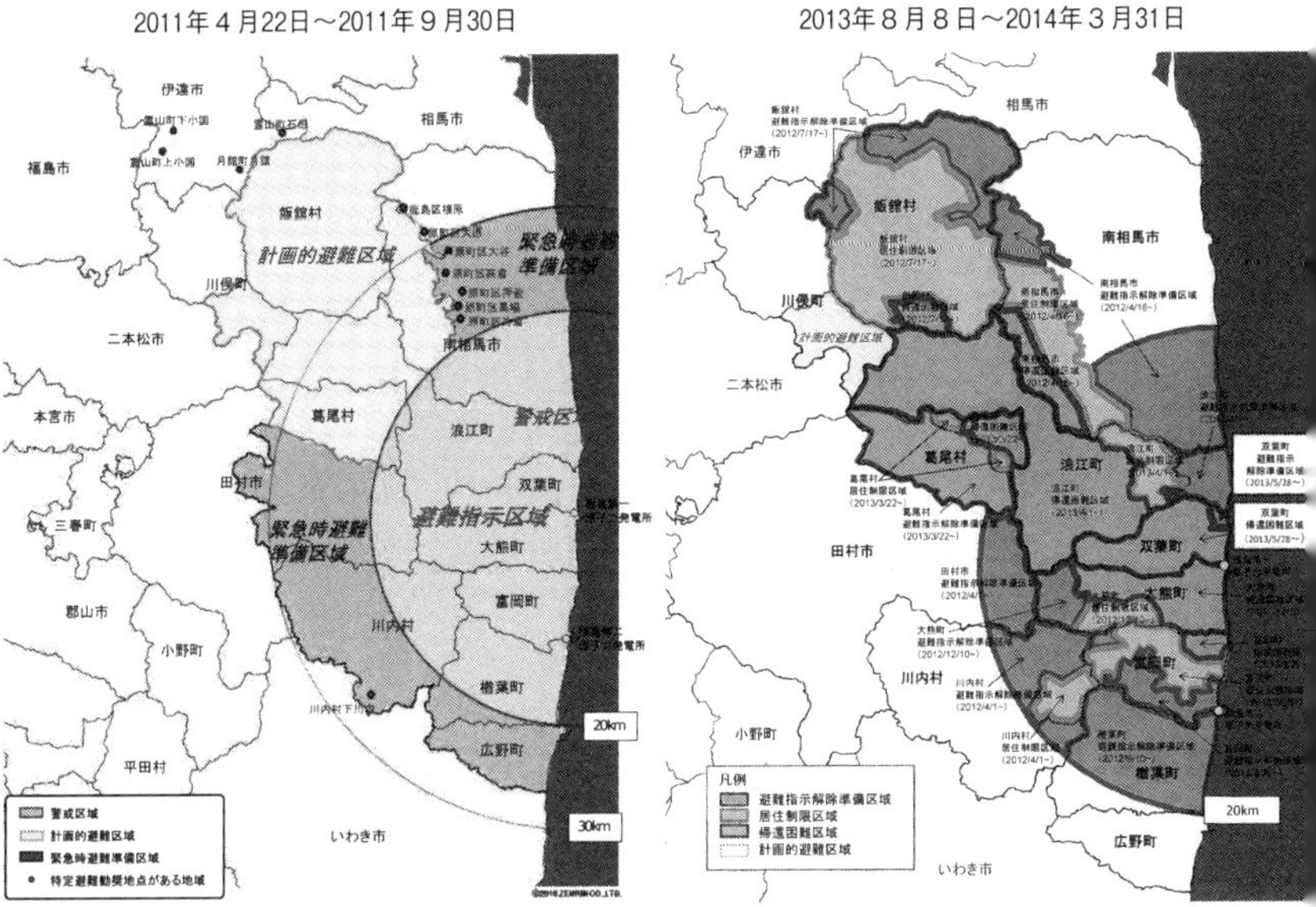

図８　避難区域の変遷

出所：https://www.pref.fukushima.lg.jp/download/1/01240331.pdf（左図）
https://www.pref.fukushima.lg.jp/download/1/130808hinannsiji.pdf（右図）

ち、「計画的避難区域」以外の地域を「緊急時避難準備区域」とした。

この「二〇ミリシーベルト」は、あくまで緊急時被ばく状況を想定しての数字であった。

四月二二日、総理指示で、半径二〇～三〇キロ圏内の屋内退避を解除し、計画的避難区域および緊急時避難準備区域を設定した。

計画的避難区域に指定された地域は、飯舘村、葛尾村、浪江町、川俣町の一部、南相馬市の一部が対象となった（図8左図）。

政府発表の約一カ月後、五月一五日、計画的避難区域に指定された飯舘村と川俣町で、住民の避難が始まった。飯舘村は全村避難で、すでに自主避難した約二〇〇〇人を除く約四〇〇〇人が対象、川俣町は、山木屋地区の住民が対象で、自主避難した約一〇〇〇人以外の約一一〇〇人が避難を開始した。

3　遅すぎた移住勧告

‡長期帰還困難区域の指定

空本と小佐古参与は、当初より、原発周辺住民の移住を提言していた。

「避難した住民の方々に、中途半端に期待を持たせることは、大変罪深いこと」と思っていた。

「避難している住民にとっては、非常に厳しく、受け入れがたいことではあるが、激しく怒鳴られ突き上げられることを覚悟して、最初から国がしっかりと事実を説明しなければいけない。移住のことを、何を言われようが、耐えて説得していかなければならい。これが避難している人たちの未来への希望につながるものだから」と二人は考えていた。

三月一五日の国土交通省での大畠大臣や鳩山前首相他との意見交換でも、原発周辺区域を国が買い上げ、周辺の方々には移住してもらうことになることを小佐古教授は予言していた。

「常磐道や常磐線の普及は並大抵ではなく、長期にわたり不通になる可能性が高い。交通が何十年も寸断され、社会生活が営めるような地域ではなくなっている」と断言していた。

空本は、三月一八日から、SPEEDIについて福山官房副長官に説明するために、連日、官邸に入った。小佐古参与と一緒に、福山官房副長官と総務省から出向している鈴木清秘書官に直接解説した。福山官房副長官も震災直後から寝ずの対応で、心身ともに大変お疲れの様子と見受けられていたが、避難住民の生活がかかった問題であり、丁寧に説明して深く理解してもらったと思う。

そんな日が続く中、空本は、SPEEDIと避難区域の見直しに絡めて、原発周辺の避難住民の方々の移住の問題を説明しようとした。官邸に入ったが、福山官房副長官との面会には少し待ち時間があったので、事前に鈴木秘書官と控室で話を始めた。

福山官房副長官は、全てを理解されようとしており、丁寧過ぎるほど時間をかけなければならない。そこで要領を得て説明するためには、呑み込みが早く優秀な鈴木秘書官にまず伝えて、鈴木秘書官から福山官房副長官に説明してもらおうと考えた。

空本は、原発周辺の汚染状況を、多くの避難住民が半永久的に帰れないことを、そして移住が必要なことを、鈴木秘書官に説明した。

空本は、鈴木秘書官に語った。

「避難している原発周辺の方々を移住させなければなりません。だからこそ、避難している皆さんに、心ある、心からの説明を早くしなければなりません」

鈴木秘書官は唐突な話にビックリして、驚いた様子だった。

「半減期が比較的長いセシウムなどの放射性物質が地表に沈着して、プラント周辺では住民に与える外部被ばく線量が非常に高くなっている。プラントがコントロール下に入っても、帰れない方々が出てくる。避難・屋内退避の緊急時の措置を終了した直後から、住民の移転方法も検討しなければならない。新しい移住地、雇用の確保、子どもたちの教育など、社会的な問題を考慮に入れて検討しなければならない」との旨の説明を加えた。

SPEEDIの予測結果が示される前の話であった。

さらに空本は、住民への丁寧な説明の仕方と内容についても、鈴木秘書官に説明した。

「避難している皆さんも大変厳しい状況におかれていることは十分に理解していますが、さらに大変辛いことをお伝えしなければなりません。本当に残酷に聞こえるかと思いますが、一部、ご自宅に長期的に帰れない方も出てまいります。皆さんも何となく気づいているとは思いますが、それでも信じたくはないと思いますが、移住を検討していただかなければならない方々も出て参ります。本当に申し訳ありません」

空本も説明しながら、涙が溢れてきたが、続けて話した。

「地元に戻りたいという皆さんの気持ちを察すると、本当に大変申し訳ありません」

「長期的に帰れない方々や移住を余儀なくされる方々には、国が住宅の確保と雇用の提供をしっかり保証して参りますので、どうかご理解を宜しくお願い致します」

鈴木秘書官に移住の国の補償の必要性も説明した。

「避難している人たちの未来への希望につながるものであることを示す必要があります。また、帰れない方々のリロケーション（移住）をしっかりサポートすることも。しっかり国が保障することを説明しなければなりません」

空本と小佐古参与は、強く要請したが、移住について、官邸は動くことはなかった。

しかし、結局、移住を余儀なくされる帰還困難区域を設定することとなる。

事故発生当初は、避難区域と屋内退避区域に区分されていた。

二〇一一年四月二一日に福島第一原発から半径二〇キロ圏内が警戒区域に、四月二二日に放射線量が「年間二〇ミリシーベルト」を超える区域を計画的避難区域に指定した（一一市町村）。四月二二日に緊急時避難準備区域も設定（四市町村）。

二〇一一年一二月に冷温停止状態の確認が取れたことから、避難指示区域の見直しが開始され、二〇一二年三月決定。二〇一三年八月に被災一一市町村の全ての見直しが完了した（図8右図）。

ようやく避難指示区域は、放射線量（空間線量に基づく年間積算線量）の水準に応じて三つの類型、帰還困難区域（五〇ミリシーベルト超）、居住制限区域（二〇～五〇ミリシーベルト）、避難指示解除準備区域（二〇ミリシーベルト以下）に区分されることとなる（図7）。

この間、住民は右往左往させられるだけであり、帰還困難区域の設定は事故発生当初の予想通りであった。

‡ 生活再建と国の補償

生活再建のために、帰還困難区域の方々の移住については、事故当初から政府は取り組むべきであった。一時的な避難所での生活ではなく、安心して暮らせる新しい住み家の提供をいち早く進めるべきであった。

ようやく、帰還困難地域では、故郷喪失慰謝料が損害賠償に上乗せされることとなった。国は移住を地域指定とともに勧告したのだった。

しかし、避難している方々は、事故当初の初動での判断ミスと遅れにより、まだまだ右往左往させられるのではないだろうか。

二〇一四年二月二二日、日本保健物理学会の特別シンポジウムが東京大学の小柴ホールで開催され、被災者の地域コミュニティ状況に関するパネルディスカッションで、地元の声を聞くことができた。

パネラーとして出席されていた大熊町社会福祉協議会の渡部正勝会長からは様々な訴えがあった。

「戻れないなら、生活再建をしっかりしてほしい」

「住民の声を聴いてほしい。お金の問題ではない」

「中間貯蔵のあり方も中途半端」

渡部会長は、実家が福島第一原発の目と鼻の先にあり、事故当初の最初に避難した三キロ圏内の避難住民であった。

子どもたちの不登校も大きな問題となっており、子どもたちへの心のケアを望まれていた。

また、避難住民の自家用車が「いわき」ナンバーであることから、避難先で車に傷をつけられたり、落書きされたりといったイタズラも絶えず、避難住民と受け入れ地域の心の溝も大きな問題となっていることが語られた。

安田講堂下の中央食堂で昼食を一緒にとりながら直接の話を聞くこともできた。「現在、会津で生活しているが、家族が三カ所にバラバラに分かれて生活しており」、ちょうど身内にご不幸があったところで、「葬儀の知り合いへの連絡も大変厳しい」と話されていた。毎日毎日、仕事をして、地域活動をして、学校に行って、寝て、起きて、食事をしてといった日々の身の周りの生活の問題であった。

もう一人のパネラーであるいわき市の小名浜地区復興支援ボランティアセンターの吉田恵美子センター長は、原発と震災の被災者間での支援格差について現状説明があった。

いわき市の住民自身も大津波による被災民であり、楢葉町などからの原発被災者は市内の複数か所の仮設住宅に入居できているが、いわき市の震災被災者は賃貸アパートなどの「みなし仮設住宅」に入居せざるを得なくなっており、近所だった人たち同士で誰がどこに居るのか分からず、コミュニティが分断されてしまっている。市内では、原発被災者の流入により、テレビ新聞では一般に報じられない問題が起こっている。病院とかショッピングセンターとか、道路とか、様々な生活に係わる場所で非常に混雑するといった地域の問題も発生している。

また、原発事故を契機に、いくつかの分断や溝が発生していることも知らされた。

家族や地域の分断はもちろんであるが、双葉地域内での中間貯蔵施設の受け入れ地域と受け入れ地域外との分断、福島県内での受け入れ側と原発避難者との分断、県内の避難者と県外への避難者との分断、損害賠償の有無による地域内での分断など。

帰還できる地域、帰還できない地域、戻りたい住民、戻りたくない住民、諦めた住民、帰望を持っている住民など、様々な状況と心境が複雑に絡み合っていることが伝えられた。国や自治体はさらに丁寧な対応をとらなければならないことが語られた。

またパネルディスカッションの基調講演で、原発被災住民のケアにあたっている東京大学政策ビジョン研究センターの土屋智子特任研究員から楢葉町の小学校の再開に向けた状況が報告された。楢葉町の小学校は除染作業が終わり、再開に向けて検討中であった。しかし、小学校へは、いわき市の仮設住宅から距離はそれほど遠くないものの、時間としては車で片道でも一時間程度は見ておかなければならず、子どもたちの健康影響からも、いわき市内での学校の存続を要望する声が強まっている。また楢葉町の家に帰ったとしても、これまでショッピングは富岡町に行っていたが、生活するための病院や商業施設がないままでは帰れないといった意見もあることが紹介された。除染作業により、帰れる地域も、生活するための施設・インフラや人員体制など、全体的な計画が再構築されなければ帰れないということであった。

また、まずもって、帰還する条件として、福島第一原発の安定が一番であり、町の復興より、「生活再建や人生の再設計」、その為には、何よりも賠償が重要であることも報告された。

なお、文科省の原子力損害賠償紛争審査会の指針に基づき、原発事故の損害賠償は東京電力が支払うこととなっている。国としては、原子力損害賠償法で定められた保険制度に基づいて、原子力発電所の一事業所あたり一二〇〇億円の損害賠償措置を賠償資金として東京電力に支払い、それが損害賠償に充てられている。

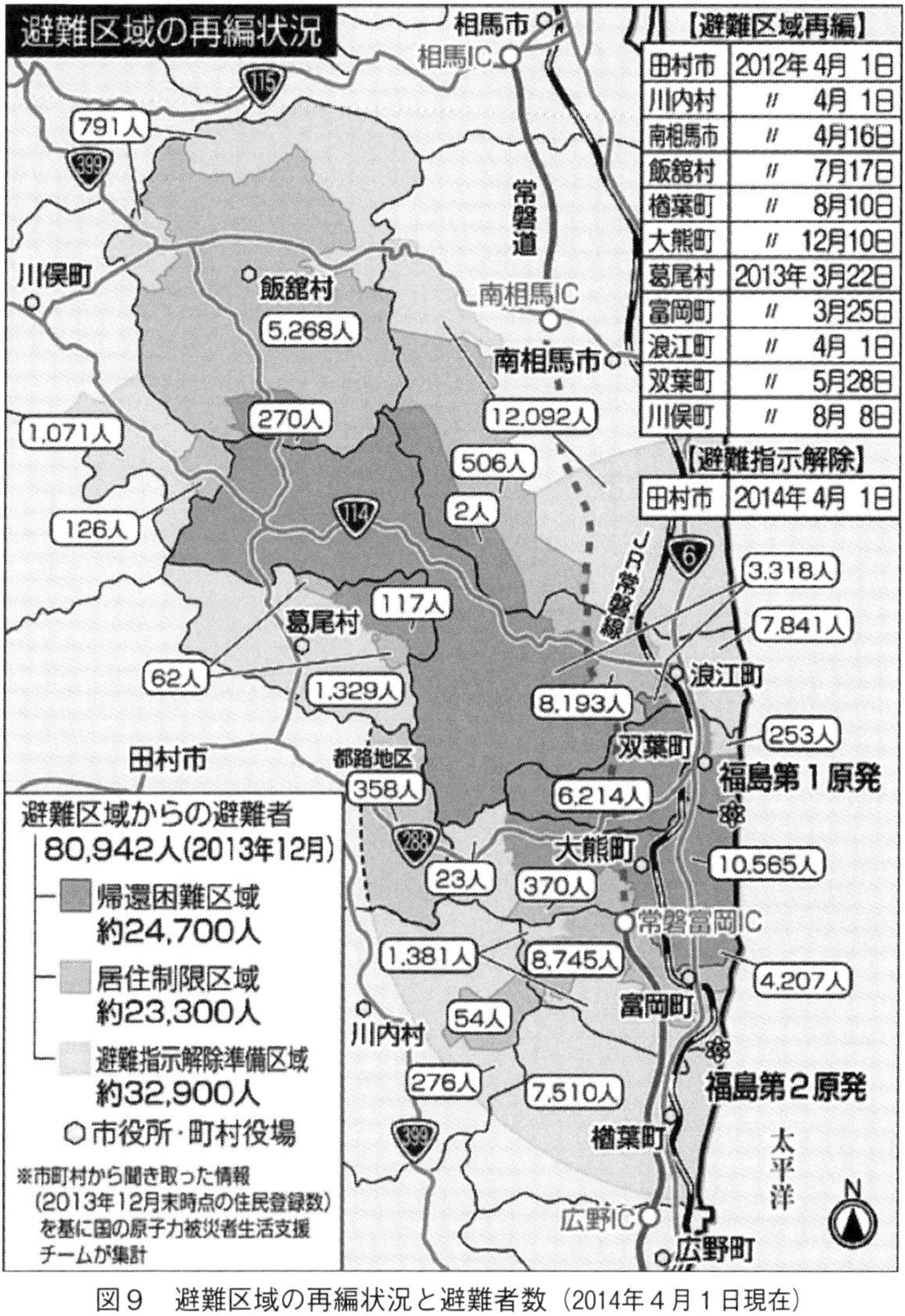

図９　避難区域の再編状況と避難者数（2014年４月１日現在）

出所：『福島民友』電子版（http://www.minyu-net.com/osusume/daisinsai/saihen.html）

避難指示解除準備区域、居住制限区域、長期帰還困難区域に対して、財物や精神的な損害に対する賠償がなされ、前述の通り、帰還困難区域には故郷喪失慰謝料が上乗せされる。

二〇キロ圏内は避難指示解除準備に指定されており、財物や精神的損害への賠償が続いている。

一方、二〇〜三〇キロ圏内の地域は指定対象外となり、財物賠償は対象外で、その他の賠償も二〇一二年に打ち切られた。しかし二〇〜三〇キロ圏内の住民の多くも自主避難している。

ここに、避難している住民への明らかな賠償格差が横たわっており、地域と心の分断や心の歪みに多少ともつながっている。

自主避難者の損害賠償、避難区域周辺に居住する人への損害賠償、風評被害および間接被害、自治体の損害などは、今後の大きな課題となっており、心ある丁寧な対応が求められている。

❖引用・参考文献／資料

［1］今井照『自治体再建』筑摩書房、二〇一四年

［2］『朝日新聞』二〇一一年三月一三日付（http://www.asahi.com）

［3］共同通信社「47NEWS」二〇一一年三月一七日（http://www.47.news.jp）

［4］原子力安全委員会「原子力災害対策特別措置法第二十条第五項に基づく防護区域の変更手続き（案）」二〇一一年四月六日

［5］原子力安全委員会「計画的避難区域設定のための『二〇ミリシーベルト』について」二〇一一年四月七日
［6］原子力安全委員会「『計画的避難区域』と『緊急時避難準備区域』の設定について」(日付なし)
［7］福山哲郎『原発危機　官邸からの証言』ちくま新書、二〇一二年

第3章

二〇ミリシーベルトの矛盾

国際放射線防護委員会（ICRP）第4分科会にて、勧告の見直しを討議する専門家。
出所：小佐古敏荘東京大学教授提供

1　学校の校舎・校庭等の利用判断における暫定的考え方

‡避難基準との不整合

福島県民の疑問

多くの福島県民も理解に苦しんだ。「どちらも二〇ミリシーベルトなのに、避難の基準と校庭利用の目安を一緒にしていいのか」［1］。

計画的避難区域の設定基準

学校再開の基準が通知される約一週間前、二〇一一年四月一一日、避難区域の設定基準として、「年間二〇ミリシーベルト」が発表され、四月二二日、計画的避難区域が設定された。

これは、ＩＣＲＰ（国際放射線防護委員会）勧告に基づき、事故収束過程における緊急時被ばく状況（年間二〇～一〇〇ミリシーベルト）の下限値である「二〇ミリシーベルト」を設定基準とした。

積算放射線量が「年間二〇ミリシーベルト」以上の地域は、計画的とは表現されているが、住民が居住することのできない避難区域となった。

学校の校庭等の利用判断の目安

一方、新学期が始まってから約二週間が経った四月一九日、文部科学省（文科省）は、福島県内の小学校などの校庭利用判断の目安として、暫定的な『**毎時三・八マイクロシーベルト**』基準を公表通知した（23文科ス第一三四号）。

原子力安全委員会（原安委）の助言を踏まえた原子力災害対策本部（原災対策本部）の見解を受け、「福島県内の学校の校舎・校庭等の利用判断における暫定的考え方（通知）について」として、文科省は福島県の関係機関と関係者に通知したものだ。通知文の抜粋要約は次の通り。

- 計画的避難区域及び緊急時避難準備区域に所在する学校については、校舎・校庭等の利用は行わない。
- 毎時三・八マイクロシーベルト以上の空間線量率の学校は、校庭での活動を一日一時間程度に制限して利用することが適当。毎時三・八マイクロシーベルト未満の学校は、平常通り、利用して差し支えない。

この通知文の根拠もＩＣＲＰ勧告であり、事故収束後の復旧期に用いられるべき現存被ばく状況（年間一～二〇ミリシーベルト）の上限値の『**年間二〇ミリシーベルト**』を採用したと説明している。

通知文の矛盾

この通知文には、大きな矛盾があった。通知文を解釈すると、

「計画的避難区域では学校再開できない」としている一方で、「毎時三・八マイクロシーベルト以上でも、制限付きで学校再開できる」としている。

これをもう少し噛み砕いてみると、

「年間二〇ミリシーベルト以上の地域では学校再開できない」としている一方で、「年間二〇ミリシーベルト以上の地域でも、制限付きで学校再開できる」としている。

計画的避難区域とは、前述の通り、「年間二〇ミリシーベルト」以上の積算放射線量の区域であり、この地域では学校再開できないと言っている。

一方で、「毎時三・八マイクロシーベルト」とは、「年間二〇ミリシーベルト」の積算放射線量をもとに弾いた数値で、「毎時三・八マイクロシーベルト」以上、すなわち「年間二〇ミリシーベルト」以上の計画的避難区域でも、制限付きで学校再開できると言っているのだ。

この通知文の内容は、明らかに自己矛盾をきたしていたのだ。**図10**は、その矛盾を図示したものである。図の右列において、計画的避難地域と緊急時避難準備区域でも、毎時三・八マイクロシー

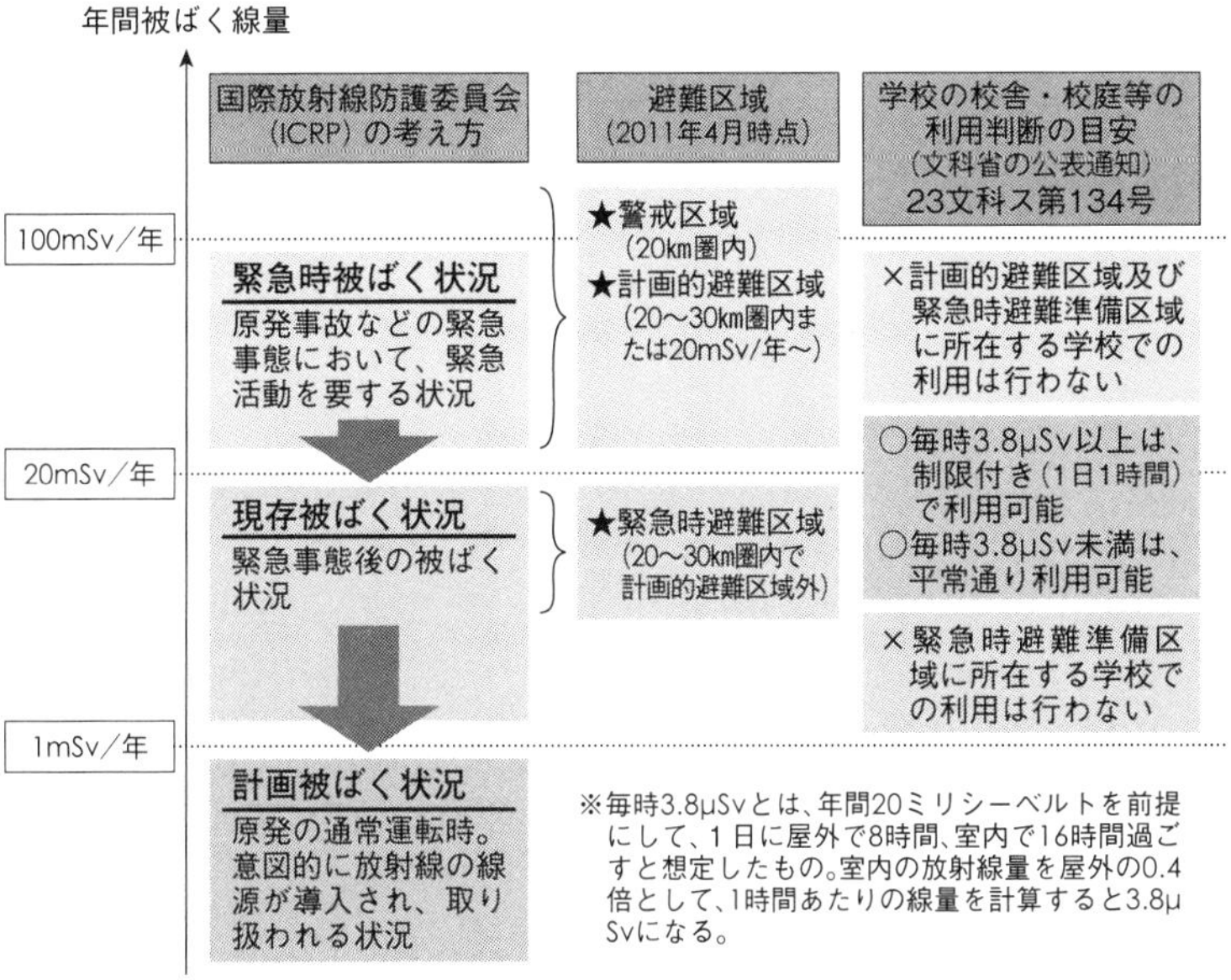

図10　学校利用の基準（校舎利用の目安）と避難区域との関係
（ICRP勧告を参考として）

出所：ICRP勧告および政府資料をもとに作成

ベルト前後の条件付き（数値以上）または無条件（数値未満）で、校庭利用できることとなっているのだ。

何故、矛盾したか

実は、文科省は、校庭利用判断の目安設定にあたって、計画的避難区域の設定基準の「年間二〇ミリシーベルト」を念頭においていた。事故収束過程（事故収束中の緊急時）に用いられる緊急時被ばく状況（年間二〇〜一〇〇ミリシーベルト）の下限値である「二〇ミリシーベルト」を間違いなく意識していた。

一見、政府は、学校再開（校庭利用）の判断の基準（目安）

と計画的避難区域の設定基準との間で、『年間二〇ミリシーベルト』と「年間二〇ミリシーベルト」をもって上手に整合をとったかのようであったが、実は、そこには大きな落とし穴があったのだ。

文科省は、学校再開（校庭利用）の基準（目安）について、事故収束後の復旧期（現存被ばく状況）の上限値の『年間二〇ミリシーベルト』で捉えていると言っていた。しかし、事故収束中（緊急時被ばく状況）の「年間二〇ミリシーベルト」以上でも制限付きで学校再開できると言ってしまった。「年間二〇ミリシーベルト」以上の地域、すなわち緊急時被ばく状況（計画的避難区域）でも制限付きで校庭利用を容認した。

明らかに、緊急時被ばくと現存被ばくとを混同していたのだ。事故収束中と事故収束後の基準の取扱いを間違ってしまったのだ。

福島県民の正しい常識――高すぎる『年間二〇ミリシーベルト』

福島県民の「避難の基準と校庭利用の目安を一緒にしていいのか」という疑問は正しかった。福島のお母さんからの当然の心配であった。

文科省による通知文の説明で、「一ミリシーベルトから二〇ミリシーベルトの範囲のなるべく低いところを目指す」と付け加えてはいるが、「年間二〇ミリシーベルト」に違いなかった。

小佐古敏荘参与と空本は、「幼児や子どもたちのための基準を設定するにあたって、正しい手順がとられておらず、数字合わせ、数字遊びをしてはいけない」と指摘した。

ＩＣＲＰ勧告では、原発事故発生後の被ばく状況を、事故収束過程の「緊急時被ばく状況」（年間積算放射線量二〇～一〇〇ミリシーベルト）、事故収束後の復旧期の「現存被ばく状況」（年間積算放射線量一～二〇ミリシーベルト）、平常時の「計画的被ばく状況」（年間積算放射線量一ミリシーベルト以下）に区分している。

ここで、当たり前だが、子どもたちを学校に通学させることができる区分としては、やはり「現存被ばく状況」または「計画的被ばく状況」からの選択となる。

さらに、ＩＣＲＰは事故収束後の復旧期の被ばくについて「汚染地域内に居住する人々の防護の最適化のためには、年間一～二〇ミリシーベルトの下方部分から選定すべき」としている。下方部分とは年間一〇ミリシーベルト以下である。

小佐古参与は、「子どもの放射線感受性は大人の二～三倍とされていることを踏まえれば、一〇ミリシーベルトの半分の年間五ミリシーベルト以下が適当であり、将来的には年間一ミリシーベルトを目指すべきだ。（物理的に）可能ならば年間一ミリシーベルト以下するべきだ」と提言したのだ。

‡決定のカラクリ（1）——文部科学省と原子力安全委員会

▼どの様にして、学校再開の基準、すなわち、校舎・校庭の利用判断の目安が決められてきたのだろうか？

四月六日から一八日まで、文科省と原子力安全委員会で繰り返して内容のすり合わせが行われ、一九日に原災対策本部から発表された。この間、放射線医学総合研究所（放医研）や日本原子力研究開発機構（JAEA）などの意見を取り入れながら、官邸とも調整しながら、集約が行われてきた[2]。

四月六日、文科省は福島県内の小学校などの再開の可否について原子力安全委員会へ助言を求め、同日、原子力安全委員会は文科省に対して回答した。

【原安委1】福島第一原発から二〇キロから三〇キロの範囲の屋内退避区域については、学校を再開するとしても屋外で遊ばせることは好ましくない。

【原安委2】それ以外の地域についても、空間線量率が低くない地域においては、学校を再開するかどうか十分に検討すべき。

この回答に対して、文科省は、「空間線量率が低くない地域」の具体化を原子力安全委員会に再度依頼した。

しかし、四月七日、原子力安全委員会は「文科省が自ら判断基準を示すべきである」と回答した。ただし、参考として、「公衆被ばくに関する線量限度は年間一ミリシーベルトである」と助言している。

文科省が再度、学校再開の可否について助言を依頼したところ、「前回の回答通り」とするのみであった。

▲原子力安全委員会からの六日と七日の回答によれば、【原安委1】と【原安委2】も明らかに矛盾していた。【原安委1】では、緊急時被ばく状況（年間二〇〜一〇〇ミリシーベルト）にある屋内退避区域（二〇〜三〇キロ）で条件付きの学校再開を容認する。一方で、【原安委2】は婉曲的に「年間一ミリシーベルト」を再開基準として示していた。

四月九日、文科省は、学校再開を前提とした学校の校舎・校庭等の利用判断の目安として、上限値の**『年間二〇ミリシーベルト』**を原子力安全委員会に打診した。

【文科省1】生活地域で学校教育を受ける利益と放射線防護の必要性を比較考慮して、参考レベルの上限である**『年間二〇ミリシーベルト』**を被ばく線量限度の暫定的な目安とする。

【文科省2】**『年間二〇ミリシーベルト』**に到達する空間線量率は毎時三・八マイクロシーベルトである。

【文科省3】毎時三マイクロシーベルト以上の空間線量率が測定された学校等については、別に示す要領により詳細な再調査を実施することが適当（毎時三マイクロシーベルトとしたのは測定誤差等を考慮したため）。

【文科省4】毎時三マイクロシーベルトを下回った学校等については、設置者の判断により、校舎・校庭等を利用して差し支えない。

これは、ICRP勧告（二〇〇七年）が定める原発事故の収束後（復旧期）の一般公衆の受ける線量の参考レベルの年間一〜二〇ミリシーベルトの上限値を採用したものだとしている。また空間線量率の毎時三・八マイクロシーベルトは外部被ばくのみを想定しているものだった。

同日、原子力安全委員会は、『**年間二〇ミリシーベルト**』と『**毎時三・八マイクロシーベルト**』の空間線量率について、文科省へ否定的な回答をしている。

【原安委3】学校等における年間被ばく線量の暫定的な目安として、（中略）『**年間二〇ミリシーベルト**』を目安としています。しかし、この範囲の上限を使用することは限定的であるべきであり、グラウンドの使用制限等被ばくの低減化に努める必要があります。

【原安委4】線量の暫定的な目安の設定に当たっては、（中略）外部被ばくは考慮されていますが、内部被ばくは考慮されていません。（中略）内部被ばくの考慮は必須であり、（中略）外部被ばくのみで目安を設定する場合は、少なくとも二倍程度の安全率の考慮が必要です。

▲この時点では、まだ原子力安全委員会は、**『年間二〇ミリシーベルト』**と**『毎時三・八マイクロシーベルト』**を容認していなかった。

四月九日一九時五八分、文科省は、原子力安全委員会の内部被ばくに関する指摘を受けて、**『年間二〇ミリシーベルト』**は変更せずに、校庭利用の目安となる空間線量率を毎時三・八マイクロシーベルトから毎時一・九マイクロシーベルトに変更してきた（四月一〇日六時四九分に一部修正）。

【文科省5】毎時三マイクロシーベルト以上の空間線量率が測定された学校等については、別に示す要領により詳細な再調査を実施することが適当（毎時三マイクロシーベルトとしたのは測定誤差等を考慮したため）。

【文科省6】毎時三マイクロシーベルト未満から毎時一・九マイクロシーベルト以上の空間線量率が測定された学校については、①校舎・園舎の利用、②校庭・園庭の利用をして差し支えない。

【文科省7】毎時一・九マイクロシーベルトを下回った学校等については、校舎・校庭等を利用して差し支えない。

四月一〇日九時四五分、文科省の森口審議官の指示で、ＥＣＯから原子力安全委員会へ一部修正案をファックスし、この日、文科省担当者が原子力安全委員会を訪れ、修正案について検討した。

行政側の立場から、学校を多く開校させたいとの考えが見え隠れしており、文科省と原子力安全委員会の数字のやり取りも、数字合わせをしているとしか思えない状況であった。

参考まで、四月一〇日、原子力安全委員会の久住静代委員から、臨時会議で、「(一年間で)一〇〇ミリシーベルト以下では健康への影響はない(心配ない)」との発言もあったが、五月一六日の会見で訂正された。

▲ここで、原子力安全委員会の一部は、『**年間二〇ミリシーベルト**』を容認したのだった。

四月一〇日、一八時までに伊藤危機管理監、福山官房副長官、枝野官房長官への説明を済ませ、菅総理へのレク段取りの調整に入った。

四月一一日、前日案を文科省と厚労省との連名案とし、それを原子力安全委員と事務局で検討した。さらに再調査の空間線量率を毎時三マイクロシーベルトから毎時三・八マイクロシーベルトに変更した。

【合同1】毎時三・八マイクロシーベルト以上の空間線量率が測定された学校等については、別に示す要領により詳細な再調査を実施することが適当。

【合同2】毎時三・八マイクロシーベルト未満から毎時一・九マイクロシーベルト以上の空間線量率が測定された学校については、①校舎・園舎の利用、②校庭・園庭の利用をして差し支えない。

【合同3】毎時一・九マイクロシーベルトを下回った学校等については、校舎・校庭等を利用して差し支えない。

四月一二日、土壌分析データから内部被ばくの影響が無視できる程に小さいとして、文科省と放医研と原子力安全委員会で、校庭利用判断の目安の空間線量率を毎時一・九マイクロシーベルトから毎時三・八マイクロシーベルトに変更した。

【合同4】毎時三・八マイクロシーベルト以上の空間線量率が測定された学校等については、別に示す要領により詳細な再調査を実施することが適当。

【合同5】毎時三・八マイクロシーベルト未満の空間線量率が測定された学校等については、校舎・園舎・校庭・園庭を利用して差し支えない。

四月一二～一六日の間も文科省と原子力安全委員会の間で、ＪＡＥＡのモニタリングデータと土壌分析データの評価結果なども加味して、複数回のやり取りを行った。

一方、原子力安全委員会の中には、様々な意見が展開されていた。

【原安委5】「ＡＬＡＲＡ（As Low As Reasonably Achievable）」の原則に基づき、被ばく線量を合

理的に達成可能な限り低く抑えるべき。

【原安委6】事故収束後は年間一ミリシーベルトに抑えるべき。

【原安委7】年間二〇〜一〇〇ミリシーベルトの下限値の「二〇ミリシーベルト」は受け入れ難い。

四月一三日の原子力安全委員会の記者会見でも、代谷誠治委員から『**年間二〇ミリシーベルト**』基準について、異論というべき発言がなされた。

「学校の再開にあたっては、実質的に二分の一の一〇ミリシーベルトくらいを目指すのがいいのかと考えている」

「子どもは半分くらいを目指すべき。大人の半分程度とする方がよいとの考え方がある」

▲原子力安全委員会の中には、まだまだ放射線防護に対する正しい見識があった。ICRP勧告（publ.60などの子どもたちの感受性）に基づく国際標準の見解であった。

しかし、原子力安全委員会は、四月一四日の記者会見で、前日の代谷委員の発言を反転訂正した。

「現在、文部科学省において検討中であり、文部科学省から原子力安全委員会に対し助言要請はない。また、原子力安全委員会として、学校再開の目安として明確に一〇ミリシーベルトを決定したという事実はない」

「二〇ミリシーベルトと申し上げたのは、（中略）仮に二〇ミリシーベルトとした場合にあっても、児童の実際の被ばく線量については、地表に沈着したヨウ素の減衰、ウェザリングを考慮すれば、内部被ばくを考慮しても一〇ミリシーベルト以下になるだろうということで申し上げたもの」

四月一六日までの間、文科省と原子力安全委員会の間ですり合わせが行われ、その結果、原子力安全委員会は、暫定的な目安について**『年間二〇ミリシーベルト』**を容認した。

【合同6】子どもたちが学校に通える地域においては、非常事態収束後の参考レベルを基本とし、年間一〜二〇ミリシーベルトを学校等の校舎・校庭等の利用判断における暫定的な目安とすることで、そこから児童生徒等の受ける線量のできるだけ低減化を図ることが適切であると考えられる。

四月一六日、文科省と放医研の担当者が原子力安全委員会を訪ね、詰めの協議を行っている。発信元を文科省と厚労省の連名から「原子力災害対策本部」名に変更し、若干の文言修正を行った。

【合同7】子どもたちが学校に通える地域においては、非常事態収束後の参考レベルの年間一〜二〇ミリシーベルトを学校等の校舎・校庭等の利用判断における暫定的な目安とし、今後できる限り、児童生徒等の受ける線量を減らしていくことが適切であると考えられる。

そして、四月一六〜一八日の間に、**『年間二〇ミリシーベルト』**の公表の段取りを文科省と原子力安全委員会の間で詰めいていた。原災対策本部から原子力安全委員会へ助言要請を行い、原子力安全委員会の諮問見解を受けて、原災対策本部から文科省に伝達され、文科省で公表するといった段取りであった。

‡決定のカラクリ（2）——学校再開を前提として

公表の数日前、「影の助言チーム」を取りまとめる空本の携帯電話に細野豪志総理補佐官から連絡が入った。

「緊急時被ばく状況とみなして、年間二〇〜一〇〇ミリシーベルトの最も厳しい二〇ミリシーベルトを採用するので理解してほしい」

「それは事故直後の緊急時の基準である。子どもたちが普通に登校する状態を緊急時の基準で扱っていいのだろうか」

空本は、すぐに小佐古参与に官邸の意向を伝えて諮った。

小佐古参与も否定的な見解であった。

「子どもたちへの適用には高すぎる。国際基準との整合性を含めての再検討が必要です」

この時期、ちょうど、屋内退避区域の見直し、すなわち計画的避難区域の議論が同時に並行しており、原子力災害対策本部では屋内退避区域については、緊急時被ばく状況（年間二〇〜一〇〇ミリシーベルト）と考えていた。それで、細野補佐官が、学校の基準（目安）と混同したのではとも思った。

しかし、文科省の高木義明大臣の記者会見ではっきりした。

小佐古参与の辞任直後、高木大臣は、「ＩＣＲＰの勧告を踏まえ、事故継続時の参考レベルのうち最も厳しい「二〇ミリシーベルト」を出発点とした。今後、できるだけこの線量を低く減らしていくのが適当だ」と明確に発言した。

明らかに、事故継続、緊急時被ばく状況の二〇～一〇〇ミリシーベルトの下限値を採用したことを大臣自らが明らかにしたのだった。

小佐古参与としては、「それにしても、成人に比べて感受性の高い子どもたちに対しては、年間二〇ミリシーベルトは高すぎる」との見解であった。

ＩＣＲＰの第四委員会（勧告の現場への適用検討）で委員を三期一二年務め、ＩＣＲＰ勧告などの基準を実際に決めてきた実務者としては、納得のいかない数字であった。

空本は、細野補佐官に小佐古参与の見解を伝えた。

「二〇ミリシーベルトは子どもたちには高すぎる値です。受け入れがたい数字です。再検討をお願いします」

四月一九日、政府の最終的なコンセンサスの再確認のため、一四時の原災対策本部から原子力安全委員会への助言要請、一六時の回答、一八時の文科省プレス発表がセットされた。

同日一九日、文科省は、原子力安全委員会の助言を踏まえた原子力災害対策本部の見解を受け、

「福島県内の学校の校舎・校庭等の利用判断における暫定的考え方（通知）」を福島県の関係機関や関係者に通知した。

この通知は、「一ミリシーベルトから二〇ミリシーベルトの範囲のなるべく低いところを目指す」といったものではあるが、緊急時被ばく状況の下限値の「年間二〇ミリシーベルト」には違いなかった。これは、高木大臣の発言からも明らかな通り、「学校再開」を前提または優先するが故に、曖昧な利用判断の目安にしてしまったのだ。

四月二〇日の「影の助言チーム」の会合で、細野補佐官が政府での検討状況を報告した。

「学校の話については元々大議論があったもので、他の先生から違う見解が出され、政治判断で学校については、毎時三・八マイクロシーベルトとし、昨日発表したところ」

小佐古参与はあくまで、**『年間二〇ミリシーベルト』**の基準（目安）について見直しを求めた。

「二〇ミリシーベルトの基準値については、高くても一〇ミリシーベルトにすべき」

この頃、福島県庁前の小学校の線量は、年間換算で三〇ミリシーベルトと高かった。

空本は、文科省の公表内容を聞いて驚いた。緊急時被ばくの基準ではなく、復旧期の「一〜二〇ミリシーベルト」の上限**『二〇ミリシーベルト』**を根拠にしたと聞いたからだ。

「上手く、すり替えられてしまった」と思った。

空本は、文科省の発表直後から、文部科学部門会議などで文科省の幹部担当者に、厳しく**『年間二〇ミリシーベルト』**基準の変更を求めた。また細野補佐官や福山副長官にも、度重ねて、見直しを直接お願いした。

「文部科学省は、二〇ミリシーベルトありきで、数字合わせをしただけだ。ＩＣＲＰ勧告を間違って解釈したことに変わりはない」

後に、文科省は認めている

「三・八マイクロシーベルトを導き出した仮説は非現実的で、学校生活に即した現実的な仮定で算出すれば、二〇ミリシーベルトの半分以下の低い設定も可能だった」

四月二三日、空本の携帯電話に、ウクライナから帰国した篠原孝農水副大臣から連絡が入った。文科省の発表した『**年間二〇ミリシーベルト**』基準についての問い合わせであった。

「チェルノブイリでは、周辺の都市の子どもたちをすぐに学童疎開させている。一刻も早く疎開させなければ」

そして篠原副大臣と連携を図り、官邸に見直しを要請した。

しかし、残念ながら、簡単に覆るものではなかった。

のちに、『**二〇ミリシーベルト**』から「一〇ミリシーベルトを上限にして一ミリシーベルトを目指す」へと変更されるが。

2　ICRP勧告に基づく放射線防護の考え方

‡ICRP勧告

▼では、原発事故によって、一般住民が暮らす居住地域が放射線物質で汚染されたとき、年間、何シーベルトで管理するべきなのか？

国際放射線防護委員会（ICRP）の勧告は、学生時代から、なかなか分かりづらい概念だとは感じていた。空本が学生時代に教えてもらったICRP勧告は、当時、一九七七年勧告（Publ. 26）だった。そして、一九九〇年勧告（Publ. 60）が示され、最新の勧告として、二〇〇七年勧告（publ. 103）が発表された。

ICRPは、一九五四年、「最大許容量＝許容できる被ばく線量の上限値」を初めて示した後、一九五八年勧告（Publ. 1）で放射線作業者と公衆に対して放射線安全基準を具体的に示した。その後、広島・長崎の原爆再評価、核実験やチェルノブイリ事故などの科学的データや知見を踏まえて、概念が更新され、新しい勧告が出されてきた。

最新の二〇〇七年勧告では、原発事故等で適用すべきリスクを、年間一ミリシーベルト以下、年間一〜二〇ミリシーベルト、年間二〇〜一〇〇ミリシーベルト、年間一〇〇ミリシーベルト超の四バンドに区分している。

さらに、原発事故発生後の放射性物質による被ばく状況を、①緊急時被ばく状況（年間二〇〜一〇〇ミリシーベルト）、②現存被ばく状況（年間一〜二〇ミリシーベルト）、③計画被ばく状況（年間一ミリシーベルト以下）に分類して、防護対策をとることとしている。

これら三つの被ばく状況のうち、平時の「計画被ばく状況」以外の二つの状況について、原子力災害対策本部は、二〇〇七年勧告に基づき、以下の通り説明している。

①**緊急時被ばく状況**（年間二〇〜一〇〇ミリシーベルト）

原発事故等により生じた高度な汚染による健康影響を回避・低減するための強制的な屋内退避・避難指示などの防護措置を講じることが必要な状況

②**現存被ばく状況**（年間一〜二〇ミリシーベルト）

緊急事態が収束し、状況が安定した後、事故によって放出された放射性物質による長期的な被ばくについて、適切な管理を実施すべき状況

ただし、「現存被ばく状況」について、政府はダブルスタンダードを取っている。すなわち、総理官邸のホームページ（二〇一四年三月一一日現在）の「放射線防護の最適化――現存被ばく状況の

運用」では「事故などの非常事態が収束する過程」としている。一方、原災対策本部の「避難指示区域の見直しにおける基準（年間二〇ミリシーベルト基準）について（二〇一二年七月）」では「緊急事態が収束し状況が安定した後」としているのだ。

なお、ICRP勧告によれば、原発事故発生後、事故などの非常事態が収束する過程（事故収束過程）は、まだ「緊急時被ばく状況」にあり、「現存被ばく状況」ではない。

一方、事故収束後の復旧段階（復旧・復興期）は、「緊急時被ばく状況」ではなく、「現存被ばく状況」である。

‡現状認識

▼では、放射性物質が広域に拡散した「フクシマ」の各地域は、どの様な状況なのか？

▼住民が生活を継続でき、子どもたちを学校に通学させることができる状況とは、どの様な状況なのか？

学校再開の二〇一一年四月の時点では、「これらの地域は、事故収束後の復興・復旧期であり、原子炉事故後の長期汚染地域での公衆の長期被ばく状況である」との現状認識であった。すなわち、「現存被ばく状況（年間一～二〇ミリシーベルト）」の地域として捉えるべきであった。

一方、原発周辺の警戒区域や避難区域は、「緊急時被ばく状況（二〇～一〇〇ミリシーベルト）」として取り扱われ、現在も「緊急時被ばく状況」のままである。
ここで、四月一九日の学校の校舎・校庭等の利用判断の通知文について、再度確認する。

○「避難区域は学校再開が不可」としたことは、「正解」であった。

当時の避難区域に設定されている区域、これから計画的避難地域および緊急時避難準備区域に設定される区域は、緊急時被ばく状況（年間二〇〜一〇〇ミリシーベルトで管理）に相当する。従って、学校再開が不可能であることは当然であった。

×一方、「空間線量率が一時間あたり三・八マイクロシーベルト以上でも屋外活動の制限付きで学校再開を容認」したことは、明らかに「誤り」であった。

この区域は、「年間二〇ミリシーベルト」以上の区域であり、緊急時被ばく状況に相当する。従って、学校再開は不可能と考えるべきであるが、学校再開を指示してしまった。緊急被ばく状況というのは、避難するという状況である。これで、本当によかったのであろうか。

政府は、文科省は、福島県の学校を開くにあたって、緊急時とみなしたのか。それとも復旧期とみなしたのか。

通知内容を再度確認すると、明らかに混同していると思われる。だから、フクシマの人たちが普通に読んで理解に苦しむ通知内容となってしまったのではないだろうか。

‡ 適用すべき勧告と概念

▼適用すべき勧告や概念として、何を選べばよいのか？

まず、現状認識に即した基準を適用する必要がある。現状認識としては、「事故収束後の復興・復旧期である。原子炉事故後の長期汚染地域での公衆の長期被ばく状況である。現存被ばく状況（年間一〜二〇ミリシーベルト）の地域である」となる。

そして、国内制度・基準と国際基準を正確に把握して、採用することが重要となる。放射線防護に関する国内制度は、ICRPの一九九〇年勧告から二〇〇七年勧告に移行するところで、放射線審議会では、二〇〇七年勧告の国内制度への取り込みの第二次中間報告がなされ、導入間近であった。またICRPも、三月二一日に二〇〇七年勧告を導入すべきとの声明を発表している。

ここで、公衆の長期被ばく状況に適用すべきICRPの勧告・概念としては、

Publ. 82（公衆の長期被ばく状況）

Publ. 103（二〇〇七年勧告）

Publ. 111（原子炉事故後の長期汚染地域居住）

を挙げることができる。

×ここで文部科学省は、学校再開の通知文で、間違って、「緊急時被ばくの状況における公衆の防護のための助言（Publ. 109）」を引用してしまった。

通知文（抜粋）

国際放射線防護委員会（ＩＣＲＰ）Publ. 109（緊急時被ばくの状況における公衆の防護のための助言）によれば、事故継続等の緊急時の状況における基準である年間二〇～一〇〇ミリシーベルトを適用する地域と、事故収束後の基準である年間一～二〇ミリシーベルトを適用する地域の併存を認めている。また、ＩＣＲＰは、二〇〇七年勧告（Publ. 103）を踏まえ、本年三月二一日に改めて「今回のような非常事態が収束した後の一般公衆における参考レベルとして、年間一～二〇ミリシーベルトの範囲で考えることも可能」とする声明を出している。

この引用に際して、現状認識に間違いがあった。学校再開させようとする区域を、混同してなのか、「現存被ばく状況（年間一～二〇ミリシーベルト）」だけではなく、「緊急時被ばく状況（年間二〇～一〇〇ミリシーベルト）」の区域まで含めて対象としようとしていたと推測される。

Publ. 109は、あくまで、「緊急時被ばくの状況における公衆の防護のための助言」であり、緊急時被ばく状況の区域内で考えるべきものである。

正しくは、Publ. 109も参考とはするが、「公衆の長期被ばく状況（Publ. 82）」および「原子炉事故後の長期汚染地域居住（Publ. 111）」を、まず採用すべきであった。

‡子どもたちの被ばく線量限度――子どもの放射線感受性

▼次に、子どもたちに容認される被ばく線量限度は、何ミリシーベルト？

小学校や園舎の児童や幼児が集中的に多く集まることを考慮する必要がある。すなわち、子どもたちの放射線に対する感受性を加味することが必要となる。

子どもたちの被ばく線量の限度を考える場合、ここで採用すべきＩＣＲＰの概念として、Publ. 60やPubl. 101を挙げることができる。

「放射線により誘発される致死ガンの発生は被ばく時年齢や到達年齢とともに変わり、子どもの生涯にわたる発生は成人より二〜三倍高い（Publ. 60）」

×ここで、文部科学省は、子どもの放射線感受性を全く加味しなかった。子どもの感受性も加味した場合の通知文の改訂の参考例は次の通りとなる。

改訂の参考例

国際放射線防護委員会（ＩＣＲＰ）のPubl. 82（公衆の長期被ばく状況）によれば『年間一〜約一〇ミリシーベルト』を採用しており、さらにPubl. 111（原子炉事故後の長期汚染地域居住）によれば、「適切な参考レベルとして、年間一〜二〇ミリシーベルトの範囲から選ぶべきであることを示唆する。汚染地域内に居住する人々の防護の最適化の参考レベルとしは（中略）年間一〜二〇ミリシーベルトの範囲の下方部分から選定すべきであることを勧告する」とあることから、まず最大で年間一〇ミリシーベルトで考えることが適当である。さらに子どもの放射線感受性を加味すれば、この値の１／２程度が最適となり、最大で年間五ミリシーベルト（毎時〇・六マイクロシーベルト）が参考レベルとして許容される。

さらに、通常の被ばく状況（計画被ばく状況）では、公衆の年間限度は、年間一ミリシーベルト（特殊な状況下では五年間で五ミリシーベルト）であることから、『将来的には年間一ミリシーベルト以下を目指す』を追記することが適切となる。

‡二〇ミリシーベルトの勘違い

前述の通り、福島県の小学校などの校庭利用の線量目安が、毎時三・八マイクロシーベルトとして文科省から通達された。これは、**『年間二〇ミリシーベルト』**の被ばくを基礎として導出誘導されたものであった。

小佐古参与は、この**『年間二〇ミリシーベルト』**基準について「小学校などの学校（校庭）の利用基準（目安）に対して、この年間二〇ミリシーベルトの数値の使用には強く抗議するとともに、再度の見直しを求めます」と強く訴えた。

「年間二〇ミリシーベルト近い被ばくをする人は、約八万四〇〇〇人の原子力発電所の放射線業務従事者でも、極めて少ないのです。この数値を乳児、幼児、小学生に求めることは、学問上の見地からのみならず、私のヒューマニズムからしても受け入れがたいものです」

まず小佐古参与は、福島県内の学校の現状認識について指摘している。

「これらの学校では、通常の授業を行おうとしているわけで、その状態は、通常の放射線防護基準に近いもので（年間一ミリシーベルト、特殊な例でも年間五ミリシーベルト）で運用すべき

緊急時被ばく状態の下限値でもある「年間二〇ミリシーベルト」について、政府は現存被ばく状態の上限値と弁明しているが、小佐古参与は、誤った解釈であると断言している。

「警戒期ではあるにしても、緊急時（二～三日あるいは、せいぜい一～二週間くらい）に運用すべき数値をこの時期に使用するのは、全くの間違いであります」

小佐古参与は、年間一〇ミリシーベルトも、できるだけ避けるべきとの考えを述べている。

「警戒期であることを周知の上、特別な措置をとれば、数カ月間は最大で年間一〇ミリシーベルトの使用も不可能ではないが、通常は避けるべきと考えます。年間一〇ミリシーベルトの数値も、ウラン鉱山の残土処分場の中の覆土上でも中々見ることのできない数値で（せいぜい一年間で数ミリシーベルト）、この数値の使用は慎重であるべきであります」

ＩＣＲＰ第四分科会の委員を三期一二年務め、国際基準である勧告を自ら作ってきた小佐古参与は、「文部科学省が、勧告類の全体構造を把握できていないこと、見るべき勧告を見ていないこと、勧告にある数字だけを引き抜いて、その背後にある考え方を正しく理解していないこと」など、Ｉ

ＣＲＰ勧告が正しく理解されていないことを指摘して、強く訴えた。

「緊急時には様々な特例を設けざるを得ない場合もあり、そうすることが法的にできるわけだが、それにも国際的な常識がある。それを行政側の都合だけで国際的にも非常識な数値で強引に決めていくのはよろしくないし、そのような決定は国際的にも非難されることになります」

参考までに、チェルノブイリ事故から五年後の一九九一年、ソ連崩壊後のロシア、ウクライナ、ベラルーシで決められた移住に関する基準は、移住の義務が年間五ミリシーベルト（セシウム137の土壌汚染で五五五キロベクレル／キログラム）、移住の権利が年間一ミリシーベルト（一八五キロベクレル／キログラム）であった。

また放射線防護の概念と考え方は統一したものであり、他の基準とも整合していなければならない。整合していない場合（不整合）、様々なところで矛盾をきたし、のちのち辻褄合わせで無駄な苦労をしてしまうこととなる。

例えば、放射線管理区域は、三カ月で一・三ミリシーベルト（一年換算で五・二ミリシーベルト）であり、管理区域内では飲食はもちろんできないが、物品の持ち出しに際してもスクリーニング検査をしなければならない厳しいものである。また原発労働者が白血病で亡くなった労災認定基準も五ミリシーベルトであり、今後の訴訟の基準ともなり得る。

二〇一一年一〇月一七日、細野豪志原発相、枝野経済産業大臣、平野達男復興相らが帰還区域等の再編を協議した非公式会合で、細野原発相は「多くの医者と話す中でも五ミリシーベルトの上と下で感触が違う」と五ミリシーベルト案を主張している。一〇月二八日、一一月四日にも再度、閣僚間で議論されたが、この時は、避難区域が拡大し、避難者が増えることを懸念して見送られている。当時、年間五ミリシーベルト基準では、福島県の一三％にあたる一七七八平方キロメートルが相当と[3]。

なおこの事実は、「避難区域見直しの基本原則に関する主な論点（案）」「警戒区域見直し等に関する3大臣会合（結果概要）」「避難区域見直しに向けた非公式関係大臣会合」「原災チーム資料 長期間、帰還が困難な区域への対応に関する主な論点」および「会合報告 避難区域解除に関する論点整理」の資料で確認できるが、政府は資料について不存在としている。ただし、政府は会合については否定していない[4–6]。

3 国民への問題提起

‡ 月光仮面

どこの誰だか知らないけれど、誰もがみんな知っている。月光仮面のおじさんは、正義の味方よ、よい人よ。疾風のように現れて、疾風のように去ってゆく……

空本は、「影の助言チーム」と官邸のパイプ役として、官邸や関係省庁に働きかけを行ってきた。一期の衆議院議員としては普通経験できない仕事をすることができた。官邸や内閣官房の危機管理体制、各省庁の裏の仕組みなども垣間見ることができた。

しかし、場当たり的な官邸に、機能不全の原子力安全委員会に、そして押し付け合いの行政に、虚しさと苛立ちを感じるようになってきていた。

小佐古参与も、放射線防護の専門家として多くの提言を行ってきたが、官邸も行政も理解は示すものの、なかなか動かないことに、歯がゆさを感じていた。

小佐古参与も空本も「三月は、緊急事態対応として事態収束のため、一段落つくまでは、頑張りぬき、様々な提言しなければならない」と考えていた。

四月に入ると、新たな水素爆発は起こらないなど、これ以上は酷くならないと推定できるようになり、一段落してきた。二人は「緊急に提言すべきことは提言した。そろそろ、お暇をもらう頃合いでは」と思っていた。

徒労感や虚脱感も募っていた。動かぬ政府と場当たり的な官邸に対する徒労感。行政の福島の方々への〝心ある対応〟の欠如、特に、被災して避難している住民のための心あるメッセージがないこと。原子力安全委員会の機能不全と能力不足。省庁間の押し付け合い行政、縦割り行政（SPEEDIの所管変更など）。官邸も、原子力安全委員会も、各省庁も、法令・指針・マニュアル通りに動いていないことに対する虚脱感。

小佐古参与と空本は、緊急的にやるべきこと、緊急的に提言すべきことはほぼ終わりに近づいたこともあって、四月中下旬ころには少し官邸と距離を置いておくべきではとの判断をしていた。提言すべき必要があれば、いつでも提言できるし、ここからは行政と東京電力が中心となって対応するべきであり、我々は違う立場から、サポートすべきであると考えていた。

そんな折、突然、学校再開に関する『**年間二〇ミリシーベルト**』基準についての打診が、前述の通り、細野補佐官からあった。

空本は、小佐古参与とともに、細野補佐官に見直しを求めた。最新の国際基準や国内法令に基づく見直しを助言してきたが、なかなか受け入れられなかった。

四月一九日、文科省は学校再開の『**年間二〇ミリシーベルト**』の基準を発表した。

文科省と原子力安全委員会の担当官をよく知る小佐古参与は気付いた。

「またまた二〇ミリシーベルトで数字合わせに奮闘しているのではないか」と。

呆れ果て、疲れ果てるばかりだった。

一方で、『**年間二〇ミリシーベルト**』基準について心配になってきた。

「年間二〇ミリシーベルトは、今後、絶対に矛盾を起こし、混乱することは確実だ。間違った基準による判断は我々としては受け入れられない。絶対に国民から反発が出てくる。絶対に混乱することになる」

「誰かが、正直に、正しいことを伝えなくてはいけない」

「この内閣と一緒にドボンしてはいけない（間違った方向へと飛び込んではいけない）」とも話していた。

空本は、「こうなったら小佐古先生と一緒に間違いを正すしかない。月光仮面になるしかない。国民にとっては『どこの誰だか知らないけれど』、正義の味方になるしかない」と考えた。

『年間二〇ミリシーベルト』基準がきっかけとなり、小佐古参与と空本は確信した。

「緊急に提言すべきことは提言した。もうこれ以上、官邸に提言しても意味がないのではないか？」

国民に直接訴えかけるしかないと判断した。間違いは正さなければならない。

国民に直訴するものだった。

使命感からの行動であった。

空本は、最後には、「今ここで、菅政権での原発事故対応の間違いを正さなければならない。ある意味で、クーデターとなってしまってもしょうがない。国民のためだ」とまで考えていた。

‡ 内閣官房参与の辞任

四月二九日午後、小佐古参与は、官邸に辞表を提出した。

小佐古参与の卒業論文と言うべき「福島第一原子力発電所事故に対する対策について（報告書）」を一緒に添えた。

数日前から、菅総理に直接会って、放射線防護の正しい考え方と辞意を伝えたいと、官邸に度重ねてお願いしていた。また辞任にあたって、原発事故対策の問題点についても伝える予定であった。

しかし、なしのつぶてで、一向に回答がなかった。

辞任にあたり、小佐古参与は、お世話になった国会議員に挨拶した。

しかし、菅総理とは会うことはできなかった。

小佐古参与が辞令を受けてから四五日での辞任であった。

実は、四月中旬から、『年間二〇ミリシーベルト』基準について、何人かの先輩議員に相談していた。

「それは間違いである。大変なことになる」と説明していた。

空本は、「影の助言チーム」の外交防衛リエゾン担当の長島昭久衆議院議員にも相談していた。

長島衆議も、小佐古参与のこれまでの功績と労苦に対して、感謝して言った。

「小佐古先生へのはなむけとして、二〇ミリシーベルト基準の間違いについて、しっかりと訴えるべきだ」

SPEEDIにせよ、小学校の校庭利用目安にせよ、住民避難にせよ、全てが場当たり的で、環境影響や健康影響についての提言や助言をしても無駄であることから、辞任会見に至った。

福島第一原発内の対策については、行政や東京電力やメーカやが主体となって対策する話であり、近藤委員長や尾本委員らとも、いつでも連絡が取れる体制を構築していることから、あまり船頭を多くしてもいけないし、国会で別の角度から行動すべきと考え、必要があれば再結集することを確認して、「影の助言チーム」はひと休みとした。

夕方一八時、小佐古参与と空本は、衆議院の第一議員会館で、辞任の趣旨を説明するため、急遽、記者会見を開いた。

小佐古参与は、辞意表明を読み上げた。記者会見は、淡々と進行する予定であった。辞任の趣旨としては、政府の「場当たり的な対応」について、「法と正義」および「国際常識とヒューマニズム」に則って対応してほしいと求めるものであった。

その中でも、小学校などの校庭の利用目安である『年間二〇ミリシーベルト』の再度の見直しを求めることも、辞任会見の目的の一つであった。

小佐古参与は、厳しい口調で、淡々読み上げていった。文面を読み上げる中、学者としての立場、人間としての立場から、突然の涙の会見となった。涙ながらに県内の小学校などの校庭利用の目安を最新の国際基準に則り、厳格化するよう訴えた。

「この数値を乳児、幼児、小学生に求めることは、学問上の見地からのみならず、私のヒューマニズムからしても受け入れがたいものです」

残念ながら、センセーショナルな「辞任劇」として報じられてしまったが、我々は、「誰かが、正直に、正しいことを伝えなくてはいけない」との正義感と使命感から会見を行ったものであった。会見の結果、国民と政府に一石を投じることができたことは、歴史的な価値があることではなかっただろうか。

四月二九日の会見後、聞き慣れない単語や放射線防護の考え方について報道陣から質問が相次いだ。小佐古と空本は三日後の五月二日、報道機関向け勉強会を開くことにした。

勉強会に備えて、報道各社から、聞きたいことを事前に質問してもらい、空本と小佐古は回答を

作っていた。例えば、

【質問】何ミリシーベルトが妥当か？

【回答】ＩＣＲＰ勧告に年間一～二〇ミリシーベルトの下方部分から選定すべきという記述がある。チェルノブイリ事故でも一年間は最大五ミリシーベルトとしたが、その後は一ミリシーベルトにした。

想定問答で小佐古参与は、子どもたちの被ばく限度は多くても年間五ミリシーベルトにとどめるべきだとしていた。

「二〇ミリシーベルトは不適切」とした小佐古の真意は、「二〇ミリシーベルトありき」の政府の決め方にあった。それを国民に訴えたかったのだ。

そんな中、小佐古参与に内閣総務官室の職員から忠告があった。

「先生、老婆心ながら申し上げますが、内閣官房参与には守秘義務ってのがありますから、よくよくご注意ください」

空本と小佐古参与は相談し、勉強会は開催するが、守秘義務があることから、小佐古参与に代わり、空本が詳しい根拠を説明することとして開催した。

その後、衆議院・文部科学委員会の田中真紀子委員長の主催による勉強会に小佐古参与が講師に招かれ、真意を国会議員に伝える機会もあった。

‡ 「影の助言チーム」の功績（貢献）と罪過（反省）

二〇一一年三月一六日、原子力災害の収束に向けての活動を開始した。そして災害後、一カ月半以上が経過し、事態収束に向けての各種対策が講じられてきたこともあり、小佐古参与の辞任をもって、「影の助言チーム」としての活動も、小佐古内閣官房参与の活動も、一段落として終了した。

「影の助言チーム」の任務は、「原子力災害対策本部および官邸への情報提供や助言」を行うことであった。政府の行っている活動と重複することを避けるため、原子力災害対策本部、原子力安全委員会、保安院、文科省他の活動を逐次レビューし、全体を俯瞰しながら、それらの活動の足らざる部分、不適当と考えられる部分があれば、それに対して情報を提供し、さらに提言という形で助言を行ってきた。

特に、原子力災害対策は「原子力プラントに係わる部分」「環境、放射線、住民に係わる部分」に分かれるので、前者を近藤委員長が、後者を小佐古参与が中心となり検討してきた。

ただ、プラントの状況と環境・住民への影響は相互に関連しあっており、原子炉システム工学、原子力安全工学の専門家と放射線防護の専門家が連携しながら活動を続けてきた。

さらに、官邸の判断、政治家の判断とも関連するので、菅総理から直命を受けた衆議院議員である空本が官邸とのパイプ役となり、福山哲郎内閣官房副長官や細野豪志総理大臣補佐官と連携してきた。

原子力災害対策本部および対策統合本部の支援のための「影の助言チーム」は、官邸了解ではあるが、非公式な組織であることから、行政上の指示系統の混乱を避けるため、小佐古参与と空本から、官邸を通して助言することとした。

各省庁への働きかけについても、「影の助言チーム」の法的曖昧さを回避するために、正規のルート「内閣官房参与↓（空本）↓内閣官房（副長官・補佐官）↓各省庁」で行ってきた。オンサイト対策については細野補佐官へ、オフサイト対策は福山副長官へ逐次報告していった。

ただし、迅速性も必要であることから、「影の助言チーム」に文部科学省、経済産業省、保安院からも出席をいただいた。

「影の助言チーム」は様々な助言をしてきたが、原災対策への貢献としては、オンサイト対策とオフサイト対策との連携を図り、オフサイト対策の遅れのフォローアップしたことではないであろうか。

対策本部は原子炉冷却などのプラント収束対策に注力していたが、オフサイトの汚染状況の確認や避難区域の見直しなどの対応は遅れていた。保安院、文科省、原子力安全委員会も連携不足で、住民の退避避難とSPEEDIと環境モニタリングがバラバラで、全く連動しているとは感じられなかった。

細野補佐官も、経済産業省の中山政務官も「『影の助言チーム』で頭の整理ができて、助かった」と述べている。

具体的な功績（貢献）としては、SPEEDIの活用と公表、環境モニタリングの強化、農産物の検査体制作り、原災対策本部・保安院・東京電力の広報の一本化、被災地向けのニュースレターの発行、原子力安全委員会の人員強化ではなかっただろうか。

特に、当初、機能不全であった原子力安全委員会について、人員強化を求めたことにより増員強化され、避難区域の見直しやＳＰＥＥＤＩの公表活用が動き出した。

一方、助言はしていたものの、政府の対策にはすぐにはつながらず、後々、大きな問題や課題となったこともあった。

一番の問題は、地下や地表の汚染水の問題である。オンサイト対策として具体的に助言はしていたが、フォローアップがなま温かったと反省している。汚染水については、『汚染水との闘い』［7］に詳述している。

汚染したサイトおよび周辺地域について、サイト周辺の地表水や地下水の流れを迂回させること、汚染水をサイト内にとどめるための水路や堤防などを建設することを提言していたが、一部は対策が講じられているものの、粘り強く進捗を確認する必要があった。

また、「影の助言チーム」から官邸や関係機関への助言に際して、説明不足であったことも否めない。もう少し、説明を詳しく、繰り返しすればよかったと反省しているものもある。

例えば、低レベル汚染水の海洋放出や緊急作業者の線量限度の引き上げなどである。

低レベル汚染水の海洋放出については、助言をまとめた提言書を電話で細野補佐官に伝えることとなった。細野補佐官も多忙であったが、パイプ役の空本が直接会って、説明しておけば、各方面への連絡の不徹底も回避されたのではと思う。

また緊急作業者の線量限度の引き上げも、細野補佐官に直接、背景と根拠をしかっり説明しておけば、引き上げに否定的であった北沢俊美防衛大臣を説得することができたかも知れない。暫定的な五〇〇ミリシーベルトへの引き上げも可能であったかも知れない。

最後に、『**年間二〇ミリシーベルト**』の基準については、功績（貢献）と罪過（反省）の両面から様々な意見があった。

- 小佐古参与の辞任会見により、「二〇ミリシーベルトは安全なのか、危険なのか」という波紋を瞬く間に広げてしまった。
- 「二〇ミリシーベルトは子どもにとって大丈夫なのか」という漠然とした不安を煽り、福島県内の母親らを困惑させてしまった。
- 福島県や市町村などの自治体も、文科省の通知に不信感を示した。
- 福島県民です。子どもを持つ福島県民がみんな知りたかったこと。この方に感謝し、辞任を無駄にすることがないよう県民が今立ち上がる決意をしなくてはならないと思います。
- 子どもの健康にかかわることならば、もう一度精査しなければならない。
- 勇気ある抗議です。小佐古先生ありがとうございます、官邸には受け入れられなかったという提言を是非公開していただきたい。

さらに、郡山市は市長の決断で市内の小学校の校庭の表土を剝ぎ取り、子どもたちが少しでも被ばくしないように努力した。その結果、毎時三ミリシーベルトあったものが、〇・六ミリシーベルトに減らすことができた。

四月中旬から、小佐古参与と空本は、度重ねて官邸に見直しをお願いした。

しかし、細野補佐官は、我々の見解に理解を示すものの、政治的判断として、逆に理解を求められる状況であった。

『年間二〇ミリシーベルト』基準は覆りそうもないことから、辞任会見となってしまった。

そして、辞任会見でも、五月二日の報道向け勉強会でも、正しい考え方を伝えたつもりであったが、放射線防護の考え方は正しくは伝わらず、捻じ曲がった報道も見受けられた。

小佐古参与を招聘した空本としては、福島県のお母さんたちが困惑したことから、今一つ反省するならば、辞任会見で、小佐古参与の詳細な考え方と具体的な数値をもっと分かりやすく示す必要があったのではなかっただろうか。準備する必要があったのではないだろうか。

文科省が定めた小学校などの校庭利用目安の**『年間二〇ミリシーベルト』**が高すぎる根拠を明確に示すべきであった。

- ＩＣＲＰ（Publ. 103, 111, 82, 109）では、事故発生などの緊急時に一般人の年間被ばく限度量を二〇〜一〇〇ミリシーベルトとしている。
- 政府は、最も厳しい値にしたというが、子どもたちが普通に登校している状態を「緊急時」の基準で扱っていいよいか？
- ＩＣＲＰ（Publ. 111）は事態が収束に向かう段階では「年間一〜二〇ミリシーベルトの下方

部分（年間一〇ミリシーベルト以下）から選定すべきだ」とも指摘している。

- さらに子どもの感受性が大人の二～三倍（Publ. 60）であることを踏まえると、収束期では、年間五ミリシーベルトにすべきと。そして、将来的には年間一ミリシーベルトにすべき。

なお官邸は、避難区域を保守側に拡大することによる非難やパニックや賠償責任の増大を恐れ、消極的な判断をしてしまった。これは明らかに当時の民主党政権の大罪である。危機管理能力と情報収集分析能力の欠如と言わざるを得ない。

米国の事故発生時の対応は、半径五〇マイル（約八〇キロ）以内の米国民に避難を勧告した。さらに三月一七日、ルース駐日大使は「八〇キロ圏内の避難」を勧告した。これは米国原子力規制委員会（ＮＲＣ）の2号機損傷についての仮想シナリオに基づくものであった。

日本政府はこの時、半径二〇キロ圏内に避難を、二〇～三〇キロ圏内に屋内退避を、指示していた。明らかに、米国と日本の間には、原子力災害に対する危機感のズレがあった。

小佐古参与は辞任会見で、「原子力外交の機能不全ともいえる。国際常識ある原子力安全行政の復活を強く求めるものである」と締めくくっている。

❖引用・参考文献／資料

［1］『福島民報』二〇一三年三月一八日付朝刊（http://www.minpo.jp/）

［2］原子力安全委員会事務局「『福島県内の学校等の校舎、校庭等の利用判断における暫定的考え方』に対する技術的助言を検討する際の打合せに用いた資料について」二〇一一年四月一八日
▼http://www.nsr.go.jp/archive/nsc/info/20120413.html（二〇一四年三月二二日確認。現在閉鎖）

［3］『朝日新聞』二〇一三年五月二五日付
▼http://www.asahi.com/shinsai_fukkou/articles/TKY201305250024.html

［4］内閣府情報公開・個人情報保護審査会「原発避難区域再編に向けた非公式関係大臣会合の議事録（概要）等の不開示決定（不存在）に関する件」平成二七年度（行情）答申第五四七号、二〇一五年一一月三日
▼http://warp.da.ndl.go.jp/info:ndljp/pid/9929094/www8.cao.go.jp/jyouhou/tousin/h27-11/547.pdf

［5］内閣府情報公開・個人情報保護審査会「原発避難区域再編に向けた非公式関係大臣会合の議事録（概要）等の不開示決定（不存在）に関する件」平成二七年度（行情）答申第五四八号、二〇一五年一一月三日
▼http://warp.da.ndl.go.jp/info:ndljp/pid/9929094/www8.cao.go.jp/jyouhou/tousin/h27-11/548.pdf

［6］内閣府情報公開・個人情報保護審査会「原発避難区域見直しに向けた関係閣僚会合の議事録（概要）等の不開示決定（不存在）に関する件」平成二七年度（行情）答申第五四九号、二〇一五年一二月三日
▼http://warp.da.ndl.go.jp/info:ndljp/pid/9929094/www8.cao.go.jp/jyouhou/tousin/h27-11/549.pdf

［7］空本誠喜『汚染水との闘い——福島第一原発・危機の深層』筑摩書房、二〇一四年

第4章

子どもたちの未来のために

事故当初、一時避難所（3月12日から）となった川俣町立川俣小学校（2011年4月17日の現地調査で筆者撮影）。

1　放射線による健康影響

‡放射性ヨウ素による甲状腺被ばく

三月一五日の放射性プルームを直接に浴びてしまったフクシマの一部の子どもたちは、甲状腺について注意を要する。

この日、大量の放射性ヨウ素を含んだ放射性プルームが流れ、みぞれ混じりの小雨や雪により地域に降り注ぎ、数日間、放射性ヨウ素が高濃度であった地域が生じていたからだ。

では、フクシマの子どもたちについて、放射性ヨウ素による甲状腺ガンや機能障害が発生するリスクがどの程度あるか。これが、フクシマの一番の心配事であり、関心事である。

ここで、序章でも若干説明したが、子どもたちの甲状腺被ばくに関して、チェルノブイリ事故における数字に裏付けされた客観的事実に基づき、フクシマとの類似点と相違点を理解することは大変重要である。

では、チェルノブイリ事故での甲状腺被ばくはどうであったか。

チェルノブイリ事故での甲状腺被ばく

チェルノブイリでは、放射性ヨウ素をたっぷり含んだ汚染ミルクを制限なく飲ませたことにより、多くの子どもたちに甲状腺ガンが見つかった。

一九八六年から二〇〇二年までに、ロシア、ベラルーシ、ウクライナの三国で四〇〇〇人以上の子どもたちが甲状腺ガンを発症している。うち一五人が死亡し、何れも一五歳以下であった。

これは、放射性ヨウ素で汚染した牛乳を子どもたちに制限なく飲ませたためであり、甲状腺が極めて厳しい内部被ばくをしたためである。さらにチェルノブイリ周辺は内陸部に位置し、慢性的にヨウ素欠乏状態にあり、放射性ヨウ素を取り込みやすい環境でもあった。

例えば、ベラルーシのゴメル地域だけで、七歳以下の小児三四〇〇人が二〇〇〇ミリシーベルト以上という考えられない線量の甲状腺被ばくを受けていた。そのうち、三〇〇〇人以上は想像を絶する一万ミリシーベルト（一〇シーベルト）以上の被ばくであった。

同様な報告が一九八八年頃にもあった。チェルノブイリ周辺の汚染したミルクを飲んでいた子どもたちに関して、各地域の甲状腺の内部被ばく等価線量が数千ミリシーベルト～約三万ミリシーベルト、実効線量で数百ミリシーベルト～約一五〇〇ミリシーベルトとの報告もなされている［1］。子どもたちの甲状腺の内部被ばく等価線量の桁数は、「ミリシーベルト」のオーダーではなく、想像もつかない一〇〇〇倍以上の「シーベルト」前後のオーダーであった。

最新の国連科学委員会（UNSCEAR）のレポート（二〇〇八年）では、チェルノブイリ事故における避難者の甲状腺の被ばく線量は、平均で四九〇ミリシーベルトと報告されている［2］。

またチェルノブイリ事故以降に生まれた人からは、甲状腺ガン発症の増加の報告がないこともあり、この点は、フクシマにおける妊産婦の方々に知っていただきたいところである。

福島第一原発事故での甲状腺被ばく

一方、福島第一原発事故の場合、子どもたちの甲状腺被ばくは、飲食による経口摂取は限定的であり、放射性プルームが通過した数日間の呼吸による放射性ヨウ素、特にヨウ素131の吸引摂取が支配的である。ただし、三月一五日以降に、飯舘村などに居住または避難していた人の一部で、その地域の牛乳や水や露地野菜などを口にしていた子どもたちは、吸入摂取に加えて、余計に被ばくしていることは確実である。

ここで、重要なことは、原発事故（放射性ヨウ素）との因果関係がどうであれ、フクシマの子どもたちの「甲状腺検査」により、結節（しこり）や嚢胞、そして甲状腺ガンや機能障害などを早期に発見して、素早く治療をすることである。

一方、報道機関の関心事は、甲状腺ガンと原発事故（放射性ヨウ素）との因果関係にあり、専門家の関心事は、「甲状腺の内部被ばく状況（等価線量）」と「甲状腺ガン等の発生状況」の相関関係であるが、因果関係や相関関係がどうであれ、子どもたちの甲状腺の健康管理が一番でなければならない。

県民健康管理調査における甲状腺検査

福島県が実施している県民健康管理調査に対しては、「文書による一方的な連絡のみで、子どもたちと保護者への丁寧な説明や配慮が欠けている」などの報道からも、県民の不信感や不満も募っているところではあるが、フクシマの保護者の皆さんには、「甲状腺検査」を子どもたちの健康管理に有効につなげていただきたい。

二〇一一（平成二三）年度から二〇一三（平成二五）年度の先行検査では、約三三万人の全対象者に対して、約二七万人が一次検査を受診し、A判定が約九九・三％、二次検査対象者が〇・七％の一七九六人であった（次頁**表3**）。

さらに二次検査対象者のうち、一四九〇人が二次検査を受診し、「悪性ないし悪性の疑い」と診断された子どもたちが七五人（一次受診者数の〇・〇三％）であった。

ここで**表3**は、近接の市町村をまとめて再集計したものである。市町村別の検査結果もまとめられているが、ここで注目すべき事実が示されていた。

福島県内の二二市町村とその他の約四万人（三九〇一七人）で、「悪性ないし悪性の疑い」と診断された子どもがゼロであったことだ。

一方、福島市四万七〇〇〇人で一二人、郡山市五万四〇〇〇人で二一人、いわき市四万六〇〇〇人で八人、そして他の市町村で各々若干名が、「悪性ないし悪性の疑い」と診断されている。明らかに、この「四万人のゼロ地域」と有意な差が示されていたのだ。

地域ごとに、検査の丁寧さ、診断の正確さなど、検査のバラツキも考えられることから簡単には

表３　福島県民健康管理調査（2013年12月31日現在）

市町村名	一次検査受診者数	二次検査対象者	二次検査受診者数	悪性ないし悪性の疑い
飯舘村	941	6 (0.64%)	6	0
川俣町	2,237	8 (0.36%)	8	2
南相馬市	10,657	52 (0.49%)	48	2
浪江町	3,223	25 (0.78%)	23	2
大熊町・富岡町・川内村	4,430	30 (0.68%)	25	3 (各1)
いわき市	46,201	384 (0.83%)	294	8
伊達市	10,639	50 (0.47%)	45	2
福島市	47,068	275 (0.58%)	257	12
二本松市・本宮市・大玉村	15,269	88 (0.58%)	82	10
郡山市	54,120	472 (0.87%)	401	21
田村市・三春町	8,880	50 (0.56%)	41	4
須賀川市	10,783	81 (0.75%)	75	2
白河市・西郷村・泉崎村	15,889	99 (0.62%)	87	6
22市町村（相馬市・葛尾村・楢葉町・広野町を含む）	28,618	176 (0.61%)	98	0
その他	10,399	0 (0.00%)	0	0
悪性の疑いで手術後良性（市町村名は未開示）	−	−	1	1
合　　計	296,354	1,796	1,491	75

※2013（平成25）年度までの甲状腺の先行検査（会津地域を除く　単位：人）

結論づけられないが、放射性ヨウ素による初期被ばくの影響がなかったとは言えない。逆に、放射性ヨウ素による初期被ばくの影響がありえることが示されたのだ。

「四万人の地域で悪性がゼロ」ということは、簡単に「誤差の範囲内」とは言い切れない有意な差であり、再検証が必要である。

図4（序章〔一四頁〕参照）の三月一五日の放射線プルームによる汚染の分布状況と統計的に比較すれば、何らかの相関関係が見えてくるはずである。ここで原発周辺から三月一四日以前に他の地域に避難した子どもたちについては、初期被ばくに関して、避難した地域での放射線プルームによる被ばくとして別枠で考える必要がある。

なお、その他の二次検査の結果の特徴は、次の通りである。

- 「悪性ないし悪性の疑い」と診断された者は、放射性プルームが通過した浪江町や川俣町や南相馬市で各二人であったが、最も注目された飯舘村ではゼロであった。
- 放射性プルーム通過前の比較的早い時期に避難を済ませた楢葉町・広野町・葛尾村ではゼロであり、福島県内の各地を転々とした可能性のある富岡町や大熊町、川内村では各々一人であった。
- 「悪性ないし悪性の疑い」と診断された人数は、人口の多い福島市、郡山市、いわき市で比較的人数は多いが、浪江町や川俣町の方が人口に対する割合は高い。

甲状腺がんの発症率

放射性ヨウ素の甲状腺への健康影響を判断する際に、小児甲状腺ガンの発症率が話題となる。福島県での先行調査では、悪性の疑いも含めて、一〇〇万人に対して二七八人（二六九三五四人に対して七五人）となっているが、この数値をどの様に捉え、評価・判断すればよいのだろうか。

一般に、甲状腺ガン発症は小児一〇〇万人あたり年間一～二人とされている。これは小児期に甲状腺ガンと診断され、さらに報告された患者数である。未発見の小児甲状腺ガンもかなり存在していることから、福島県の対象地域の全ての子どもたちに実施したスクリーニングによる先行調査とは、簡単に比較することはできない[3]。

二〇一二（平成二四）年度の岡山大学の新入生（男子一三二〇人、女性九八七人、平均年齢一八・三±一・三歳）に対して実施した甲状腺超音波検査の結果では、男性一人と女性二人に甲状腺乳頭ガンが発見されている。これは、一八歳の一〇〇万人あたり一三〇〇人という、福島県の先行検査より四・七倍も高い発症率となっている（小倉俊郎他「第一三回日本内分泌学会中国支部学術総会」二〇一三年三月二日。総会発表後に別の女性一人にも甲状腺乳頭ガンを確認）。

福島県立医大の鈴木真一教授も「今回のような精度の高い超音波検査で大勢の子どもを対象にした調査は前例がなく、比較できない」と説明している[4]。

確かに、現在の甲状腺ガンの発症率が放射性ヨウ素の影響と一概には言えないが、前述の「四万人のゼロ地域」は他の地域に比べて統計的に明らかに有意であり、先行検査の結果が、元来あった甲状腺ガンなのか、原発事故由来の甲状腺ガンなのか、近い将来、例えば四～五年後の甲状腺検査で明らかにできるであろう。従って、二〇一四（平成二六）年度からスタートされる本格検査についてはさらに注視していかなければならない。

甲状腺検査と被ばく線量との相関関係

ここで、甲状腺検査結果と内部被ばく等価線量の相関関係を明らかにすることが最も重要である。その際、甲状腺乳頭ガンの発生確率や男女の発生割合など、様々な観点から検査結果を分析し、相関関係の評価のためのデータとすべきである。

さらに、相関関係を明らかにする上で、フクシマの子どもたちが、三月一五日以降、特に三〜四月中に、どの程度の放射性ヨウ素を吸入して内部被ばくしたか、子どもたちの甲状腺の等価線量を正確に評価することも、最優先項目の一つである。

放射線医学総合研究所において、甲状腺検査結果とＳＰＥＥＤＩのシミュレーション結果などを用いて、「福島第一原発事故における周辺住民の初期内部被ばく線量推計」が行われている。二〇一四年三月二日に開催された第二回「甲状腺検査評価部会」では、福島第一原発の周辺市町村や飯舘村やいわき市の内部被ばく線量が、一歳児で一〇〜三〇ミリシーベルト前後と推計されているが、まだ詳細な推計がなされていない福島市や郡山市などの中通り地域の推計結果が重要となる。

なお、序章でも述べたが、福島第一原発事故では甲状腺への最大の被ばく線量は小児で二三ミリシーベルト、成人で三三ミリシーベルトとの報告もある［5］。

放射性ヨウ素の甲状腺残存率

参考までに、放射性ヨウ素の減衰状況は、子どもたちが、ヨウ素131を飲食物で経口摂取しても、物理的半減期八日と生理的排出で、体内に取り込んだ全体の七割程度が数時間で排出される。甲状腺での残留量は一〇日で一割程度、二〇日で四・五%程度、一カ月で一%程度となり、無視できる段階となる。この甲状腺残留量の数字は、保健物理の専門家とともにはじき出した解析結果であり、空本が二〇一一年四月七日の衆議院災害対策特別委員会の質問で図示している。

さらに吸入摂取の場合は、経口摂取よりもさらに体内への取り込みが抑えられる。

放射線医学総合研究所からも「福島第一原発事故における周辺住民の初期内部被ばく線量推計・・現状と課題」〔6〕において、吸入摂取時の甲状腺残存率が計算されており、同様の傾向が報告されている。

従って、ヨウ素131による被ばくは長期にわたるものでなく、事故発生の三月中の一時的な被ばくであったことを正しく理解する必要もある。

フクシマとチェルノブイリの比較

フクシマの子どもたちでは、呼吸による放射性ヨウ素の吸入摂取は確実であり、甲状腺ガンや機能障害のリスクは確実にある。リスクがなければ、健康調査は実施されていないからだ。

甲状腺ガンなどが有意に（顕著に）出現するかどうかは別として、県民健康管理調査の先行検査の結果が示す通り、若干の子どもたちの甲状腺に影響が出ている可能性は十分にある。特に、三月一五日の高濃度の放射性プルームを、意識なく不用意に、直接に浴びてしまった一部の子どもたちは、注意を要するのだ。特に、中通り地域の子どもたちである。

ただし、チェルノブイリとフクシマの違いは、放射性ヨウ素で汚染された牛乳を制限なしに飲んだか、飲んでいないかである。

フクシマでは、飲食による経口摂取は制限されており、放射性ヨウ素の吸引摂取が支配的であることから、チェルノブイリに比べ、初期の放射性ヨウ素の甲状腺への取り込みは、極端に低いことは確実である。

従って、チェルノブイリのような非常に高い確率で、フクシマの子どもたちに甲状腺ガンや機能障害が出ることはない。

なお、マスコミ報道を否定するものではないが、全体を俯瞰せず、局所的な一部の情報を誇大に報道する傾向もあり、チェルノブイリとフクシマとの違いを比較する場合、前述した数字に裏付けされた客観的な事実情報を正確に報じていただきたい。

甲状腺検査の結果を報道する場合は、甲状腺検査結果と内部被ばく等価線量の相関関係を客観的に報じていただきたい。

それが、甲状腺ガンと原発事故（放射性ヨウ素）との因果関係を明確にすることができる唯一の証拠なのだから。

放射性ヨウ素の甲状腺への攻撃

ヨウ素131は、ベータ線を放出（ベータ崩壊）して、キセノン131になり、キセノン131は安定状態になるためガンマ線を放出する。参考までに、セシウム137もベータ崩壊によりバリウム137となり、ガンマ線を放出する。

ヨウ素131が体内に取り込まれた場合、甲状腺に集中的に蓄積し、ベータ線による被ばくが問題となるため、甲状腺の内部被ばくの等価線量を評価することとなる。

一方、外部被ばくの場合は、ベータ線が空気中で吸収されるため、ガンマ線による被ばくが主に問題となり、空間線量率から算出される実効線量で評価することとなる。

なお、ベータ線は電子線とも呼ばれる高速電子であり、ガンマ線は可視光・赤外線・紫外線などと同じ電磁波に分類される。

ベータ線は電荷をもった電子であることから、物質への透過性が低く、体内では確実に組織にエネルギー（ダメージ）を与える。一方、ガンマ線は、波長が短いことから、可視光・赤外線・紫外線と比べて物質への透過性が高く、吸収率が低いため、線量が低い場合、組織に与えるエネルギー（ダメージ）は小さい。

従って、放射性ヨウ素を体内に取り込んだ内部被ばくの場合、ベータ線の組織へのダメージ効果の方が極めて大きいため、ガンマ線の影響は近似的に無視できる。

要するに、放射性ヨウ素については、甲状腺の内部被ばくが問題となっており、外部被ばくに比べて健康の影響を早期に見つけやすく、早期の治療により健康回復も確実に見込むことができる。

‡放射性セシウムによる低線量被ばく

チェルノブイリ事故における放射線の影響評価

フクシマにおける外部被ばくとして、長期的な低線量被ばく（一〇〇ミリシーベルト以下）が心配されている。この因子は、放射性プルームにより飛散したセシウム137となる。

一般に、「長期間の低線量被ばくの健康影響に関しては、データや知見がなく、現時点では健康障害のリスクを推定することは困難である」と言われている。確かに、高線量被ばくを中心とする広島・長崎の疫学調査をリスク評価の基礎としており、低線量に対する発ガンリスクや遺伝的影響のリスクについては、不明な点がまだ多い。

ただし、チェルノブイリ事故の評価では、低線量の長期被ばくについて、序章でも一部述べたが、UNSCEARレポートなどにデータがまとめられ、結論づけられている。

最新のUNSCEARレポート（二〇〇八年）によると、ベラルーシ、ロシア、ウクライナで事故後の放射線の影響を受けた住民の実効線量は、一一万五〇〇〇人の避難民で平均三一ミリシーベルト、事故直後から二〇年間汚染地域に住み続けた六四〇万人で平均九ミリシーベルトと評価されている[2]。ちなみに、CTスキャンを一回受けると通常九ミリシーベルト被ばくする。

まさに、二〇年の長期にわたる低線量被ばくのデータがここにまとめられ、国際的に報告されている。ただし、人体へ遅れて起きる影響など、遅発効果については、現在解明されていることが限られているため、チェルノブイリ事故による被ばくに関する研究が先行して、情報を提供してくれることとなるであろう。

最新のUNSCEARレポートでは、長期的な低線量被ばくについて、幾つかの結論がまとめられている。ここで要約すると、次の①〜⑥の通りとなる。

①チェルノブイリ事故での顕著な健康影響は、若年時に被ばくした子どもたちの甲状腺ガンの発症率の急増と、緊急もしくは復旧の作業に従事した作業員の白血病および白内障の発生率増加の徴候である。幼少期に被ばくした子どもたちと緊急事態あるいは復旧作業に対応した作業員は、放射線に誘引される影響が増加していくというリスクに直面している。
②一方、(長期的に低線量で) 被ばくした人々の間で放射線による固形癌や白血病の発症率の明確な増加は見られていない。また電離放射線と関係のある非悪性疾患があるという証拠もない。
③しかしながら、実際に受けた被ばくではなく、放射線に対する恐怖による事故への心理的反応は広範にわたってみられた。
④圧倒的多数の住民は、チェルノブイリ事故からの放射線がもたらす深刻な健康状態を恐れながら、生活する必要はない。
⑤事実、大多数は、自然由来の放射線の年間レベルと同じか、その数倍高い放射線量の程度であり、放射性物質が減るにつれ、将来受ける被ばく線量は緩やかに減少し続ける。
⑥チェルノブイリ事故により住民の生活には著しい混乱が起きたが、放射線医学の観点からみ

ると、ほとんどの人々が、将来の健康について概して明るい見通しを持てるだろう。

初期の放射性ヨウ素による健康影響が懸念され、楽観視することはできないが、セシウム137による長期間の低線量被ばくについては、チェルノブイリ事故の経験やデータから判断して、まだ我々が知らない遅発影響も懸念されるものの、現在のところは、しっかりとした線量管理をすることにより、健全な生活を送ることができる。また、UNSCEARレポートによれば、放射線がもたらす深刻な健康状態を恐れながら、生活する必要はない。

ただし、子どもたちの甲状腺ガンの現在または将来の発症の増大には注視して、継続的にケアしていかなければならない。

放射性セシウムの正体

セシウム134とセシウム137による内部被ばくについては、飲食物の出荷制限を行っている現状では、呼吸による吸入摂取を考慮しても、心配ない範囲にある。

放射性セシウムは、人体に含まれるカリウムと似た化学的性質を持つ物質で、体内ではセシウムとカリウムは筋肉に蓄積して、腎臓を経て尿として排出される。参考として、セシウムは筋肉、ヨウ素は甲状腺、ストロンチウムは骨といったように化学的性質により蓄積しやすい部位が異なる。

人間の体内には、次頁図11の通り、自然界に存在している放射性核種（放射性物質）も存在している。日本人の六〇キログラムの成人男性の体内には、約四〇〇〇ベクレルのカリウム40があり、

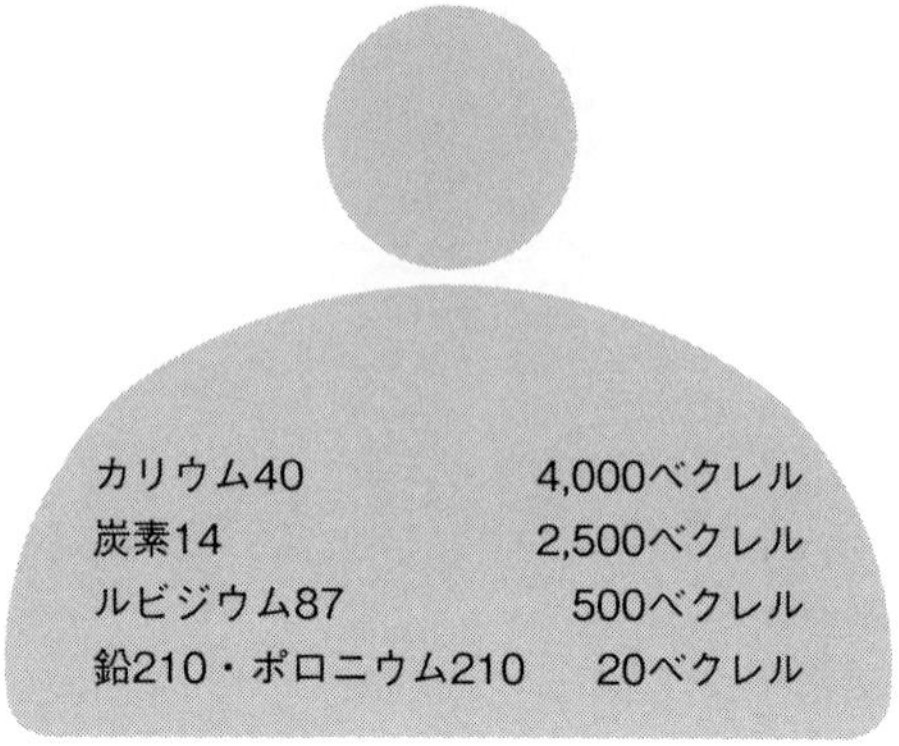

図11　体内に含まれる自然界の放射性物質（体重60kgの日本人成人男性）

出所：［12］をもとに作成

その他にも、二五〇〇ベクレルの炭素14、五〇〇ベクレルのルビジウム87、二〇ベクレルの鉛２１０とポロニウム２１０の自然放射性核種が体内に含まれている［7・12］。

　カリウム40などの自然放射性核種による被ばくは、自然界の様々な食物に含まれているため、避けることはできない。我々は、毎日、知らず知らずのうちに、放射性核種を含む食物の摂取により、自然界から年間〇・二九ミリシーベルト被ばくしている。これは絶対に避けられない自然界が我々に与えた摂理でもある。

　またＵＮＳＣＥＡＲの二〇〇〇年報告によれば、自然界からの一人あたりの年間被ばく線量は、内部被ばくで経口摂取の〇・二九ミリシーベルトと吸入摂取の一・二六ミリシーベルト、外部被ばくで大地からの〇・四八ミリシーベルトと宇宙線からの〇・三九ミリシーベルト、合計で二・四ミリシーベルトと報告されている。

さて、福島県内の農産物などについて出荷検査や出荷制限を行っている現状では、体内中の放射性セシウムによる被ばくの影響は、カリウム40などによる被ばく影響と比較して有意となることはなく、心配のない範囲であると推定できる。

従って、放射性セシウムを考えるとき、外部被ばくを中心に考えることになる。

逆に、フクシマで今後考えるべき外部被ばくは、ほぼ放射性セシウムによるものである。

放射性セシウムによる外部被ばくに対しては、除染や立ち入り制限などによる被ばく低減対策を講じるとともに、子どもたちの被ばく線量管理が重要となる。

「一ミリシーベルト」と「一〇〇ミリシーベルト」

では、どの程度の線量に管理すべきか。

第3章でICRP勧告をもとにまとめているが、違った論点から話を進めてみたい。

ここで「一〇〇ミリシーベルト以下は影響がない、安全だ」「一ミリシーベルト以上は危険だ」という議論が混乱を招いているが、どの様に考えればよいのであろうか。

ここで「一〇〇ミリシーベルト」や「一ミリシーベルト」という数値はICRP勧告の数値だけを拾い上げてきたことを承知すべきだ。

まず、ICRP勧告では、一般公衆が一年間に受ける線量限度として、自然界から受ける放射線の影響を除いて、年間一ミリシーベルトとして定めている。これは様々な研究や世界各地の人々が自然界から受ける放射線量などを総合して決められたものだ。

一方、一〇〇ミリシーベルト以上の線量を受けた場合、将来ガンになる確率が明らかに高くなるとしているが、どの程度の期間の被ばくを想定すればよいかという、被ばくの積算期間は示されていない。従って、一〇〇ミリシーベルトを超える場合は、基本的に防護対策を講じる必要がある。

ここで「一〇〇ミリシーベルト以下は影響がない」という説は、過去の原爆や核実験や原発事故などで放射線を受けた集団の免疫調査の結果をもとに話されたものと考えられるが、一〇〇ミリシーベルト以下でガンになるリスクが全くないことを約束したものではない。一〇〇ミリシーベルト以下でもガンになるリスクは考えられる。

つまり、一〇〇ミリシーベルト以下の比較的低い線量では、人体への影響は、疫学的に確認できておらず、よくわからない。すなわち、リスクは、ゼロではないが、低いということである。人間はもともと生活習慣や遺伝等のガンのリスクを持っており、これらのリスクに埋もれて、よくわからないというのが、本当の事実である。

結論として、一〇〇ミリシーベルト以下の低線量での不確実さを踏まえ、「無用な被ばく」はできるだけ避けるように、低減するように、努力しなければならないとしている。

さらに、最新のＩＣＲＰの二〇〇七年勧告では、原発事故のように外部環境に放射性物質が飛散して、明らかに被ばくする場合、移住などの重大な負担やデメリットが多数の住民に生じてしまうため、ある程度の生活を維持するために、**『年間二〇ミリシーベルト』**以内で調整することを勧告している。これが現存被ばく状況の一～二〇ミリシーベルトの幅（バンド）である。

できれば線量限度を年間一ミリシーベルト以内としたいところだが、生活上の様々な負担やデメリットなどを考慮して、一～二〇ミリシーベルトのバンド内で利害関係者（ステークホルダー）と調整して線量限度を決めることを認めている。その上限値が『二〇ミリシーベルト』という値である。

また第3章でも述べたが、長期被ばくの場合、一～一〇ミリシーベルトのバンドで調整すべきとされている。

さらに子どもたちの感受性を考慮すると、一〇ミリシーベルトの半分以下の数値で調整すべきとされている。すなわち年間五ミリシーベルト以下で管理することが望ましいこととなる。

福島県の子どもたちの被ばく線量管理にあたっては、各地域の実情に即して、管理することが重要となる。原則として、一般公衆の線量限度の年間一ミリシーベルトにより管理することが望ましいが、様々な利害関係者との協議により地域事情に即して、決めることが重要である。しかし、利害関係者と調整することもなく、政府は一方的に決めていった。

ただし、年間の積算線量が一ミリシーベルトを超えいない地域であっても、側溝や吹き溜まりなど、所々、線量が高い場所があり得る。一人ひとりに対する特段の個人線量管理は必要ではないが、生活面での注意喚起は必要である。

一方、年間一ミリシーベルトを超える地域については、極力避けたいところであるが、やむを得ない場合、子どもたちや保護者の心配を考慮して、個人線量計による個人個人の線量管理が重要となる。

なお、どの地域でも、ウェザリングなどにより局所的なホットスポットが発生する可能性があり、

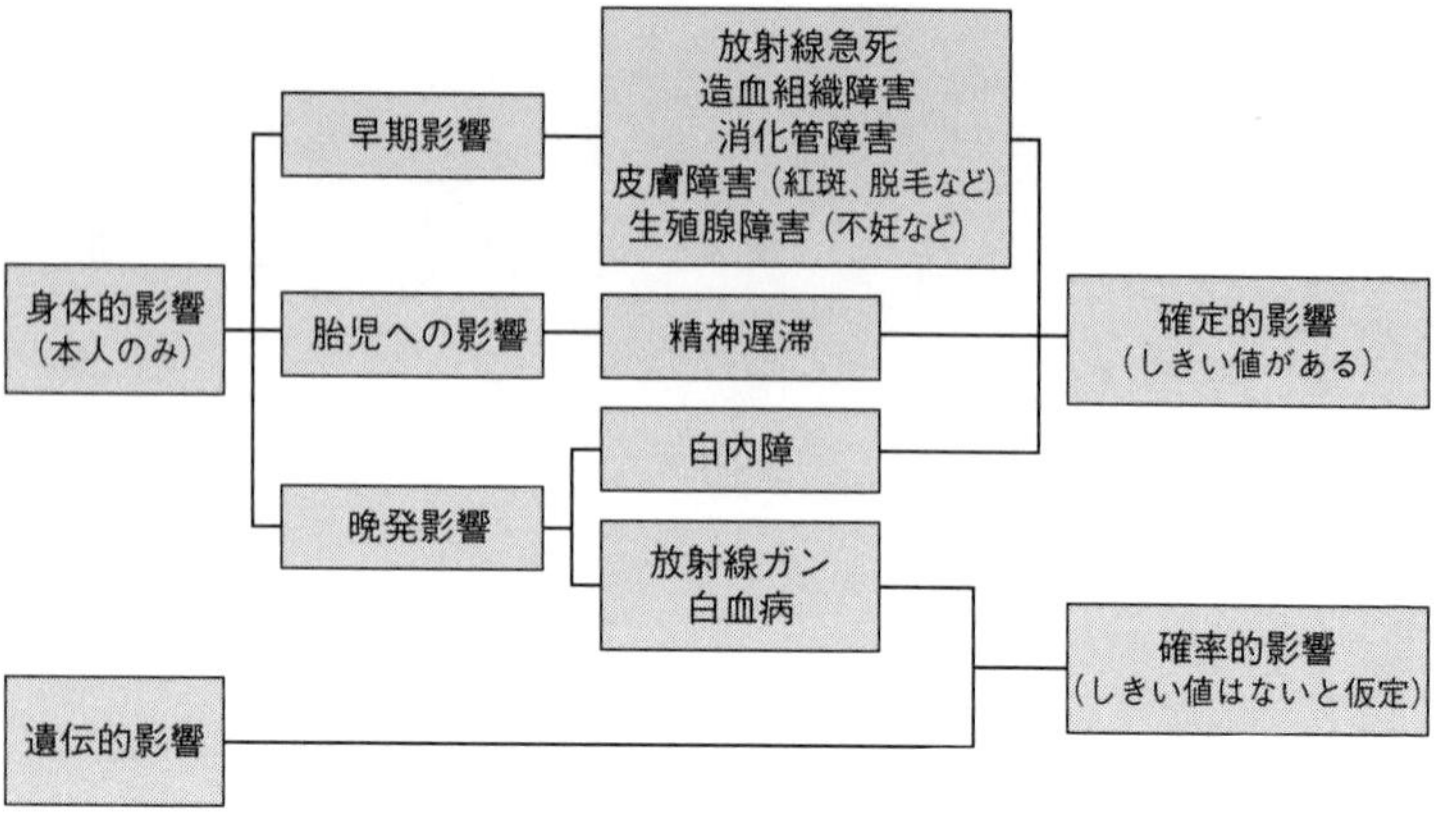

図12　確定的影響と確率的影響の分類

出所：［8］をもとに作成

極力注意する必要がある。当面は、地域活動として、除染や立ち入り制限などによる被ばく低減対策を講じることが大切となる。

‡確定的影響と確率的影響

しきい線量の有無

ここでは、放射性ヨウ素や放射性セシウムの人体への影響について、確定的影響と確率的影響の観点から再度説明する。

放射線の人体への影響について、確定的影響と確率的影響に分類することができる（図12）。確定的影響とは、一定の被ばく線量（しきい線量）を超えたときに現れる影響であり、被ばく線量の増大に伴いその重篤度が大きくなる特徴をもつ（図13）。

これに対して、確率的影響は、しきい線量がなく、被ばく線量の増大とともに発生確率が

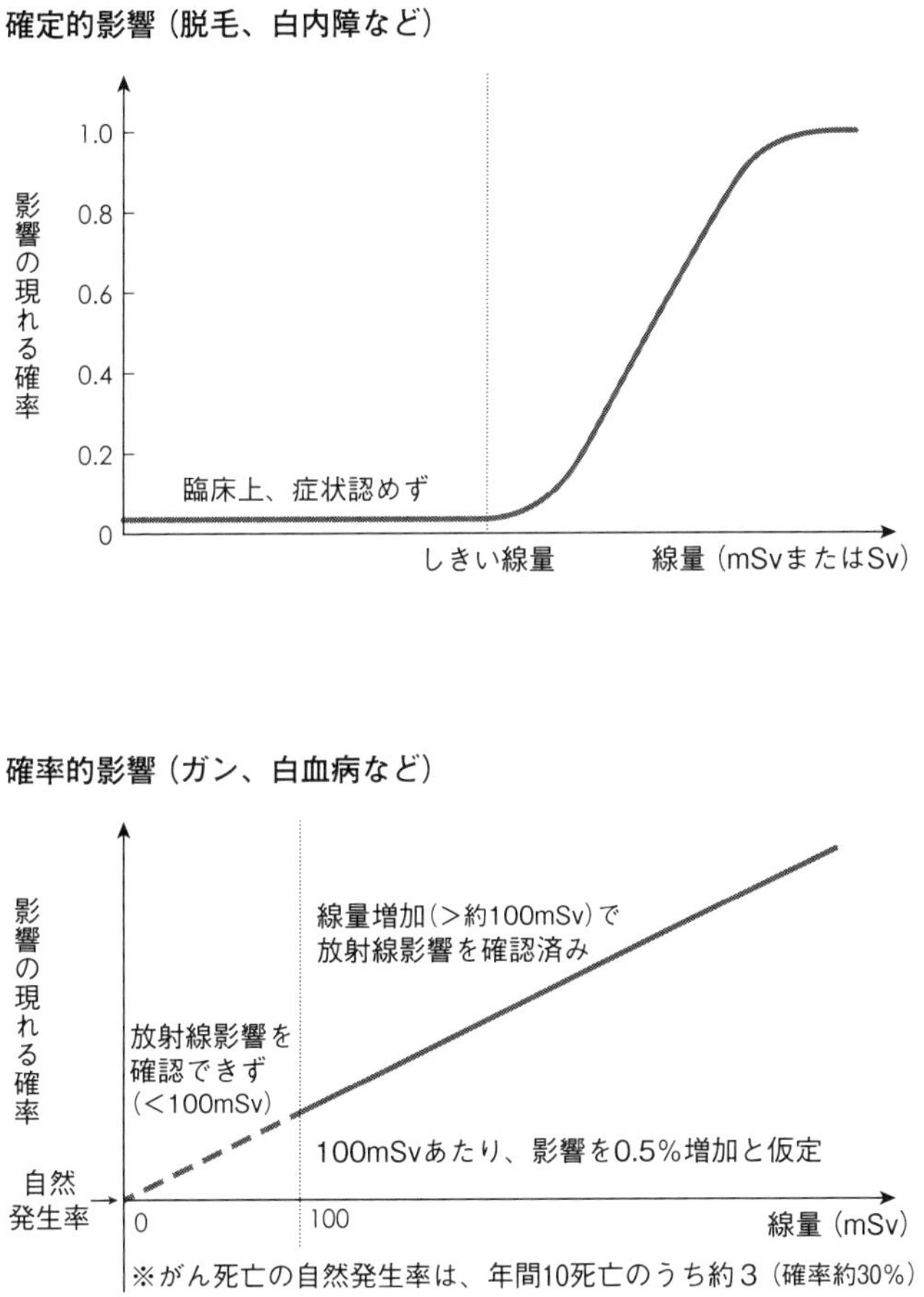

図13　確定的影響と確率的影響の考え方

出所：原子力百科事典「ATOMICA」をもとに作成（http://www.rist.or.jp/atomica/）

徐々に増加していくが、重篤度は被ばく線量によらないという特徴をもつ。

また、全身が放射線により被ばくすることを「全身被ばく」、人体の一部の組織や臓器が被ばくすることを「局所被ばく（部分被ばく）」と呼ぶ。

人体を構成する組織・臓器には、放射線の影響を受けやすい（放射線感受性が高い）部分と、影響を受けにくい（放射線感受性が低い）部分がある。全身被ばくの場合には、放射線感受性の高い組織・臓器を含めて全身が被ばくするため、局所被ばくよりも放射線による影響が大きくなる。

確定的影響

序章でも述べたが、原爆での胎内被爆による精神発達遅延は、人体への確定的影響と呼ばれ、ある一定の高い放射線量（しきい線量）を超えて被ばくしなければ、現れてこない（図13上図）。

ここで、全身被ばくと局所被ばくでの確定的影響について、具体的にしきい線量を紹介する（図14）。まず全身被ばくの確定的影響には、放射性急性死、骨髄障害、急性放射線症の前駆症状などがある。短時間での被ばくのしきい線量は、五〇％死亡が三〇〇〇ミリシーベルト、一〇〇％死亡が七〇〇〇ミリシーベルト、骨髄障害が一〇〇〇ミリシーベルト、急性放射線症の前駆症状（例、リンパ球減少や悪心・嘔吐）が五〇〇ミリシーベルトや一〇〇〇ミリシーベルトである。

一方、局所被ばくの確定的影響では、永久不妊、一時不妊、永久脱毛、一時脱毛、胎児の精神発達遅延などがあり、短時間での被ばくのしきい線量は、永久不妊が二五〇〇〜六〇〇〇ミリシーベルト、一時不妊が六五〇〜一五〇〇ミリシーベルト、永久脱毛が七〇〇〇ミリシーベルト、一時脱毛が三

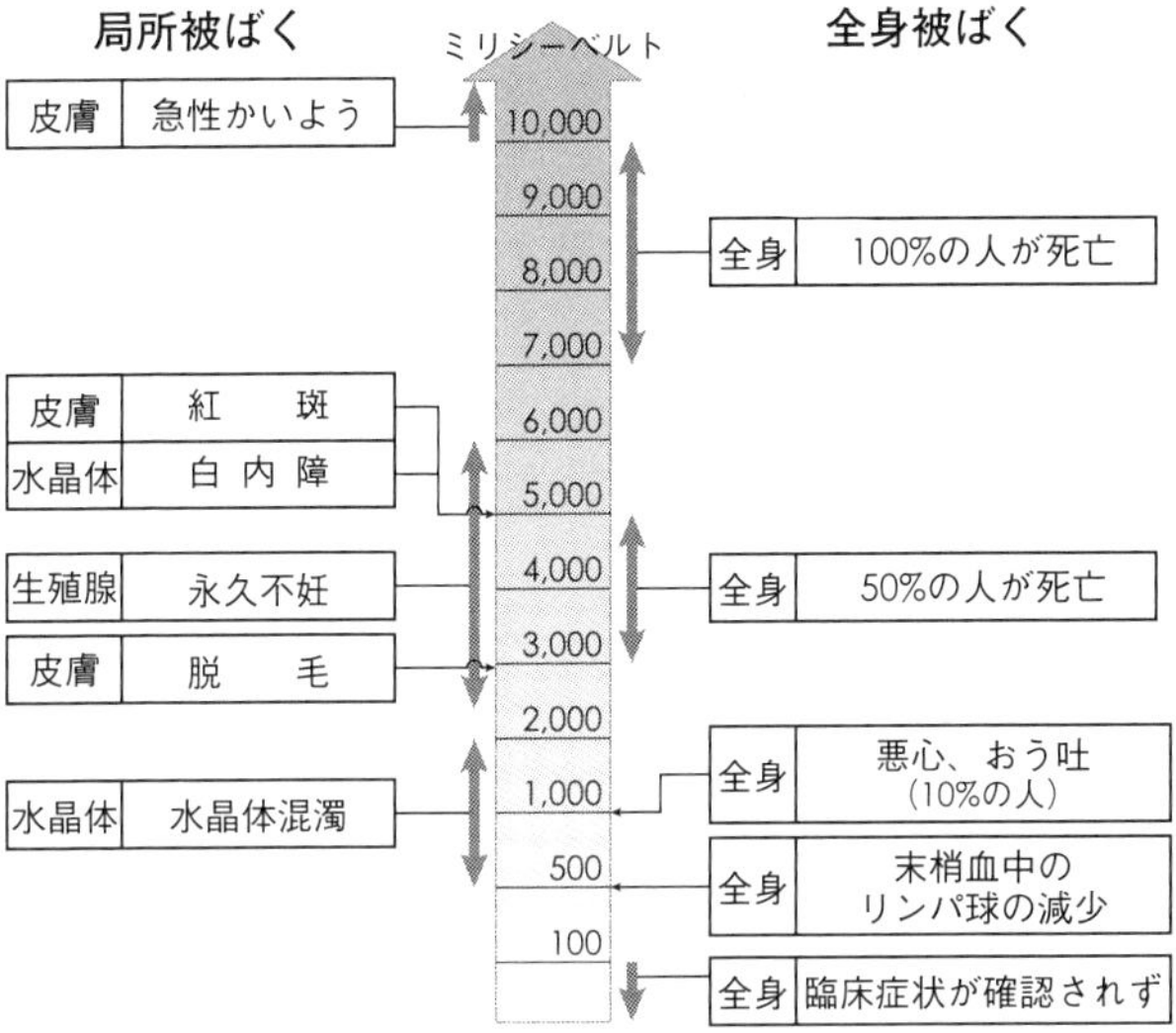

図14　確定的影響におけるしきい値

出所：ICRP Publ. 60, 103、日本原子力学会資料他をもとに作成

〇〇〇ミリシーベルト、胎児の精神発達遅延が一二〇〜二〇〇ミリシーベルトである[8]。

なお、しきい線量はグレイ単位で表示されることが多いが、ここでは、被ばくした放射線をガンマ線またはベータ線と仮定して、「1シーベルト（Sv）＝1グレイ（Gy）」で換算しているので、注意いただきたい。

確定的影響は、「しきい線量」から判断して、原爆のように短時間に非常に高い線量の被ばくをした場合に現れることから、フクシマにおいて過度に心配する必要はない。

特に、妊婦や胎児への影響について心配される方々も多いが、短時間に一二〇ミリグレイ（ミリシーベルト）以上を被ばくする状況は、フクシマで普通には考えられないことも理解していただきたい。

確率的影響

一方、フクシマで心配されている甲状腺ガンや白血病といった放射性発ガンは、確率的影響と呼ばれ、被ばく線量の増大とともに発生確率が徐々に増加していく（図13下図）。

この確率的影響には、放射性発ガンと遺伝的影響がある（図12）。

放射性発ガン

放射性の発ガンについては、原爆被爆者を主としたの疫学調査により、およそ一〇〇ミリシーベルト以上の線量で、被ばく線量とともにガン死亡が有意に増えていたことが確認されている。

ＩＣＲＰの勧告では、「一〇〇ミリシーベルトの緩慢な被ばくで、生涯のガンによる死亡リスクが〇・五％上乗せされる」としている。

すなわち、一般公衆のガンによる死亡率が三〇％とすれば、被ばくにより三〇・五％に死亡率が上がる。ここで一〇〇〇人がそれぞれ一〇〇ミリシーベルトを被ばくした時、生涯ガンで死亡する人数は、三〇〇人から三〇五人へと五名増えるものと推定されている。

一方、一〇〇ミリシーベルト未満においては、疫学調査などによる明確な根拠はないが、ＩＣＲＰは、「放射線防護の目的に準じて、被ばく線量に応じてガン死亡率が高まると仮定すること」を勧告している。

すなわち、一般公衆のガンによる死亡率を同様に三〇%とすれば、一〇〇〇人がそれぞれ二〇ミリシーベルトを被ばくした時、死亡率が三〇・一%となり、生涯ガンで死亡する人数が三〇〇人から三〇一人になると仮定するよう勧告している。

以上から、一〇〇ミリシーベルト以上の被ばく線量では、被ばく線量が顕著に高くなれば、発ガンの人数やガン死亡率も顕著に増えていく。

しかし、一〇〇ミリシーベルト以下の低い線量の被ばくでは、他の発ガン因子の影響と見分けるのは、低くなればなるほど、極めて難しい。そのため、放射線による確率的影響、すなわち、甲状腺ガンや白血病などの発ガンについては、一〇〇ミリシーベルト以下では外挿して考えることとなる。

フクシマの地域では、三月一五日に極めて高濃度の放射線プルームに包まれていたことから、大量の放射性ヨウ素を直接吸入してしまった子どもたちについては、発がんリスクが上乗せされていると仮定して、最重点で注意深く調査し、健康管理しなければならない。

遺伝的影響

なお、放射線影響による遺伝的影響については、現在のところ、原爆被爆者の疫学調査などのデータから、統計的に有意な増加を示すことは確認されていない[8]。

この根拠となっている疫学調査の一つが、原爆傷害調査委員会(ABCC)や放射線影響研究所による被爆二世に対する長期にわたる調査である。調査結果では、死産や奇形、染色体異常の頻度に親の被爆影響は見られず、小学生になったときの身長や体重などにも影響はなく、「遺伝的影響は見られない」と結論付けている〔9〕。

一方で、広島大学の鎌田七男名誉教授らによる「広島原爆被爆者の子どもにおける白血病発生について」〔10〕という長期調査結果報告では、両親ともに原爆被爆者である特別な場合に、被爆二世の白血病発症率が高くなるとしている（「第五三回原子爆弾後障害研究会」二〇一二年六月三日）。なお、放射線影響研究所の調査では、「一般の日本人の生涯で白血病になる確率は一〇〇〇人に七人で、原爆で二〇〇ミリシーベルトを直接被ばくした被爆者では一〇〇〇人に一〇人である」と報告されている。

すなわち、原爆で直曝した被爆者において、短時間の二〇〇ミリシーベルトといった高線量被ばくで、一〇〇〇人に対して七人から一〇人に増えるといった有意な増加は見られるものの、軽はずみなことは言えないが、フクシマの子どもたちの遺伝的影響については、自然界や医療などから受ける放射線量を考慮すれば、事故当初から現在までの外部被ばく線量から判断して、過度に心配する必要はない。

2　子どもたちの健康管理——被ばくに関する正しい理解

‡放射線教育による正しい理解

避難住民は、福島県民は、そして国民は、「放射線がどの程度で危険なのか」という正確な判断基準を求めていた。特に、子どもを持つ母親たちは、飲食や呼吸による内部被ばくの健康影響、そして外部被ばくの健康影響について不安を感じていた。

しかし、SPEEDIの予測結果や環境モニタリングの測定結果が速やかに知らされず、政府に対して不信感が募るばかりであった。文部科学省（文科省）は、学校再開に向けて**『年間二〇ミリシーベルト』**を急に打ち出したが、福島県の母親たちを中心に反発の輪は広がるばかりであった。

原発事故を受け、福島県の小中学校では、健康への影響を理解して、放射線から身を守る方法などを体得するための、独自の放射線教育に取り組んでいる。

福島県教育委員会も、放射線に関する基礎知識についての理解を深め、心身ともに健康で安全な生活を送るために、二〇一一年一一月、「放射線等に関する指導資料」を作成し、各学校で活用している。

文科省も、二〇一一年一一月、放射線教育を推進するための副読本を小中高等学校に配布した。

しかし、教育現場では、限られた時間の中で、子どもたちに恐怖心を与えることなく、正しい知識をどう指導するかなど、様々な課題が浮上している。また放射線の体験学習に対しては、保護者からの不安や懸念の声もあがっている。

ここで工夫が必要である。

放射線を、普通、見ることができない。感じることができない。低線量であれば、人体への影響は顕著に現れてこない。

そして放射線の種類や単位、人体への影響、放射性物質などが複雑怪奇で、余計に分からなくなり、大人たちは混乱するだけとなっている。

- 放射性物質：ヨウ素、セシウム、プルトニウム、ストロンチウムなど
- 種　　類：アルファ線、ベータ線、ガンマ線、エックス線、中性子など
- 単　　位：シーベルト、ベクレル、グレイ、キュリー、レントゲンなど
- 被ばくの形態：内部被ばくと外部被ばく、全身被ばくと局所（部分）被ばくなど
- 人体への影響：確定的影響と確率的影響、遺伝的影響と身体的影響、晩発影響と早期影響、急性死、急性潰瘍、紅斑、白内障、脱毛、不妊、嘔吐、発がん、白血病、遺伝的影響など

放射線を学ぶ機会も、学校などの授業や実験で増えているが、理科や物理が好きだった私の経験

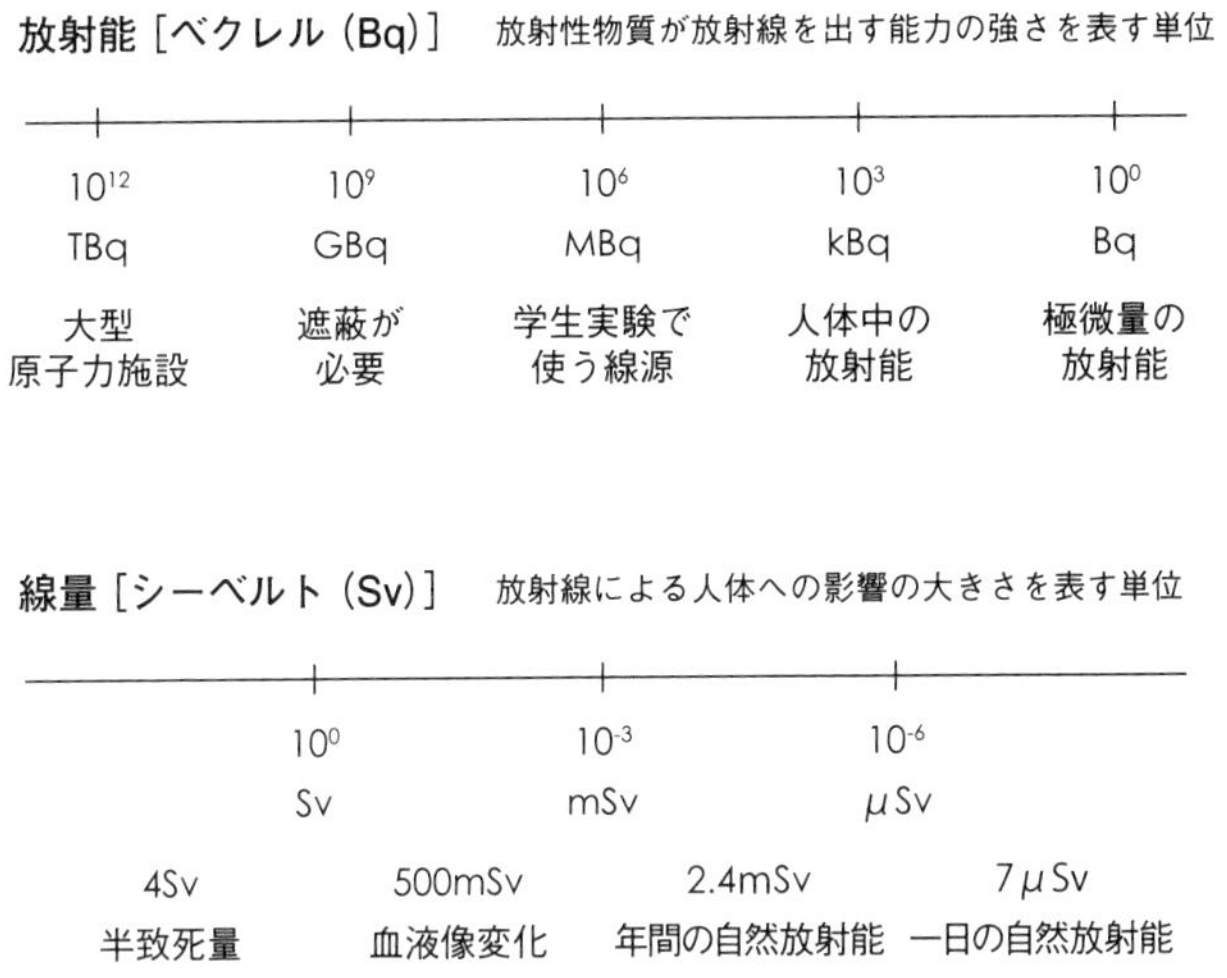

図15　放射線と放射能の基礎知識

出所：東京大学の小佐古敏荘教授作成

からしても、なかなか正しく理解できるものではない。

　学生時代、放射線を使った研究をするようになって、ようやく、ガンマ線や中性子が感覚的に分かるようになった。理解できるようになった。

　理科や物理が好きな児童生徒や学生の理解のスピードは速いと思うが、感覚的に放射線量を把握することは難しいと思う。放射線を取り扱ってきた研究者や技術者でなければ、なかなか感覚的には分からない。

　ただし、福島県内では、線量計が身近となっている。学校での測定や農作物の放射能検査なども増えてきたので、「空間線量率が高い」とか、「放射能が低い」といったシーベルト単位やベクレル単位の感覚を掴んでいる人は増えてきていると感じている（図15）。

しかし、放射線について正しく理解させることは、まだまだ厳しい状況にある。

では、どの様に放射線の正しい理解を進めていくか。様々な取り組みを試みるしかない。

子どもたちに対しては、学校での知識教育と体験教育を組み合わせて、教えることも重要であるし、教える内容やカリキュラムにも工夫が必要である。

ただし、教育現場の実情からして、時間的な制限があり、教えられる知識と情報は限られる。ならば、選択と集中をもって、必要最低限の知識と体験を子どもたちに与えることが重要となる。

例えば、身のまわりの放射線を実感すること（紫外線、土壌、食品など）、放射線の健康への影響を理解すること、放射線から守る方法を体得させること、放射線の測定を習慣化させることなど。

当然、理科の授業で、放射線の基礎知識を教えることは前提としているが、余裕があるならば、給食の時間や家庭科、課外授業や体育など、様々な場面で、放射線の知識を盛り込みながら、体得することが重要となる。

また保護者らに対して、同様な知識と体験を得ることのできる機会の提供も必要である。

ここまでは、文科省や教育委員会の受け売りのような話であるが、確かに重要なことである。

では、ここからが、新発想である。

子どもたちよりも、大人の方が放射線に対するアレルギーは大きくなっている。

だからこそ、大人には、必要最低限の正しい知識と体験を得てもらわなければならない。

しかし、放射線を測定したりすることは保護者にもアレルギーがある。

では、身のまわりの放射線をどの様に体感させることができるのか。放射線の健康への影響を、やみくもに恐怖心を与えず、どの様に理解させることができるのか。

一例として、子どもたちも体感している放射線から導入することを提言する。

夏の海や山で直射日光にあたると、日焼けしたり、酷い場合は赤く腫れ上がったりする。

一方で、人間は一定程度の紫外線を浴びなければ免疫機能が低下して病気になりやすくなる。浴び過ぎれば、火傷のように腫れ上がってしまう。子どものプールでの日焼けは新陳代謝がよいことから影響は少ないが、大人の日焼けはシミや皮膚ガンにもつながる。

これも紫外線という放射線による人体への影響の一つで、紫外線が皮膚に吸収されたための現象である。

参考までに、紫外線や可視光は、放射性セシウム（セシウム134、137）や放射性ヨウ素（ヨウ素131）から放出されるガンマ線と同じく、電磁波に分類される放射線である。しかし、ガンマ線は、可視光や紫外線よりも人体を通り抜ける透過性が高く、人体への吸収は少ない。ただし、短期間に高線量の、すなわち大量のガンマ線を浴びれば、もちろん、顕著に健康影響が出て、皮膚ガンや白血病などにもなり得る。

紫外線も身近な放射線で、いつも体感している放射線である。子どもたちも体感している放射線である。このことを正しくまずは理解してほしい。

次に、「放射線を正しく恐れる」放射線教育であるこが重要となる。

そのためには、次に例示するような「放射線と防護のための最低限の正しい知識」を理解してもらうことが必要である。

①不必要な被ばくは、できる限り回避し、そのための最大限の努力をすること。

②放射線は病原菌のように伝染するものではないこと。

③自然界からも国内平均で年間一・一ミリシーベルト（世界平均は二・四）の放射線を被ばくしていること（食物摂取による内部被ばくを含む）。

④日頃から食べている食品中にも放射性カリウム（カリウム40）が含まれていること。

⑤人体にも、もともと放射性物質のカリウム40や炭素14など、全体で一キログラムあたり一二〇ベクレル程度あること。

⑥ヨウ素131は、体内に入ると甲状腺に蓄積するが、半減期が八日と短く、すでに残存していないこと。

⑦セシウム134の半減期は約二年、セシウム137は約三〇年であり、現在も環境に多量に残存していること。

⑧放射性セシウムは体内に取り込まれてもヨウ素のように一部に蓄積するのではなく、からだ全体の筋肉組織に均等に分布していること。

⑨ただし、放射性セシウムの食品の出荷制限や出荷検査をしているので、食物摂取による取り込みも無視できること。

⑩呼吸による放射性セシウムの取り込みも無視できるほどの量であること。

⑪放射性セシウムは、大人の場合、約九〇日でその半分が体外に排出されること。

⑫被ばく線量に関する正しい理解として、一〇〇ミリシーベルト未満の場合、被ばく線量とガン等の発生率の関連性があるか否かが明確でないこと。

⑬一〇〇ミリシーベルト以下の低線量において、被ばく線量とガン等の発生率は正比例の関係があるとして放射性防護は組み立てられており、リスクはゼロでないこと。

⑭だからこそ、被ばくはできるだけ低減するように努力しなければならないことなど、まずは大人からこれらの基本的な知識を確実に理解してもらう必要がある。

次に、子どもたちには、基本的な知識の内容をかみ砕き、工夫して理解させる必要があるが、詳細についても今後提示していきたい。

結論として、大人たちも、子どもたちも、放射線の基本的な知識を正しく理解し、安全に体感することが不安の解消となり、「フクシマの再生」につながっていく。

‡健康調査と線量管理とメンタルヘルスケア

福島県では、放射性物質の飛散や避難を踏まえ、被ばく量の評価と健康状態の把握を目的として、県民健康管理調査が進められている。

基本調査として、問診票による被ばく線量の把握を。詳細調査として、甲状腺検査、健康診査、こころの健康度・生活習慣に関する調査、妊産婦に関する調査を。さらに県民健康管理ファイルを構築し、データベース化を図っている。

また、福島県内の自治体は、二〇一一年六月頃、文科省の学校の校庭等の利用に関する通知に基づき、一五歳未満の子どもたちに線量計を配布した。また自治体によっては、未就学児童や妊娠中の方への積算線量計の配布を希望者に対して行っている。

福島県内では、様々な健康調査が行われ、メンタルヘルスケアも一歩進んでいる。

二〇一四年二月七日の県民健康管理調査の検討委員会は、震災発生当時に一八歳以下であった約三七万人のうち、甲状腺ガンが「確定」した子どもは三三人、ガンの「疑い」は四一人、手術の結果「良性」は一人と発表した。

また、この七五人のうち二四人の原発事故後の四カ月間の外部被ばく線量を公表し、一ミリシーベルト未満が一五人、二ミリシーベルト未満が九人であった。

星北斗座長は委員会後の記者会見で、放射線影響についての見解を述べている。

「放射線の影響を検証する必要はあるが、これまでの科学的知見から、現時点で影響は考えにくい」

しかし、前述の通り、二二市町村他の「四万人のゼロ地域」と「悪性ないし悪性の疑いと診断された地域」で有意な差が認められている。

この検討委員会は、当初、秘密会議による調査の不透明性から、二〇一三年五月二五日、検討委員の大幅な入れ替えが行われ、刷新されている。

とにかく、福島県民や国民にとって、透明性ある検討委員会でなければならない。科学的な知見から、公平に真摯に評価を進めることが、一番である。

なお、三月一五日直後のヨウ素131の吸引による内部被ばくによる甲状腺障害が特に心配される。このことを踏まえて、検証を進めることが最も重要である。当時、飯舘村に代表される放射性プルームが流れた地域で生活していた子どもたちや避難してきた子どもたち、そしてヨウ素131の空間線量率が高かった地域の子どもたちは、特に要注意である。

なお保護者の中には、福島県内で今なお心配されている方々や、他地域への疎開や避難を続けている方々もおり、このことも踏まえて、保護者や子どもたちのメンタルヘルスケアにもつながる公平な健康調査の公表が必要である。

3 食物摂取制限の考え方

‡食品汚染とホールボディーカウンター

ホウレンソウ、カキナ、そして原乳（福島県のみ）について、保守的な食物摂取基準に基づき、三月二一日、出荷制限が四県（福島、栃木、茨城、群馬）に発令された。二三日、福島県と茨城県のキャベツやブロッコリーなどにも、モグラたたき的に広がっていった。

放射性プルームにより首都圏を含む広域に放射性物質が飛散し、多くの農産物や水産物へ影響が拡大しつつあった。

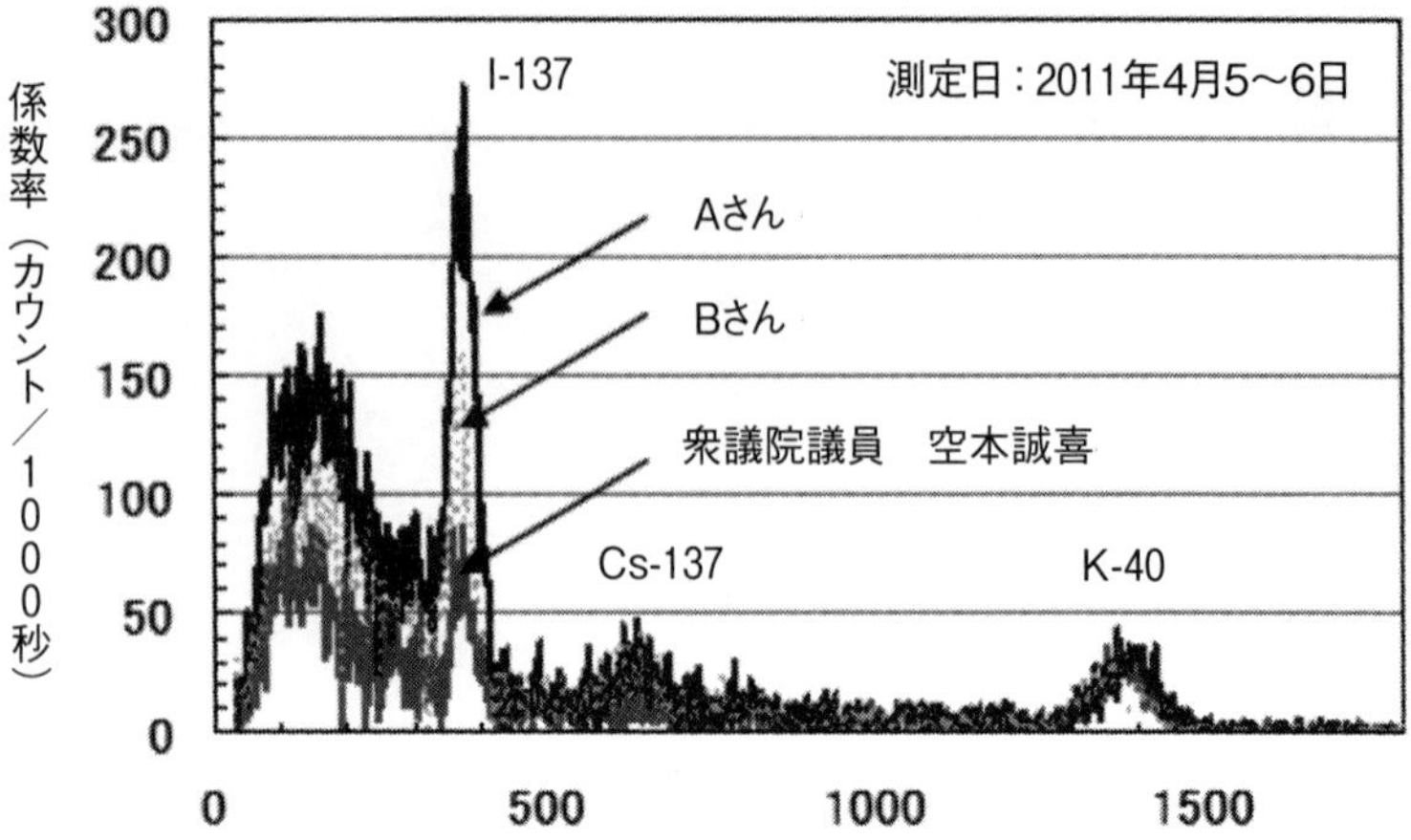

図16　ホールボディーカウンターの測定結果
（東京在住者の放射性物質の体内摂取量）
出所：東京大学小佐古研究室で測定、衆議院・災害対策特別委員会（2011年４月７日）質疑で発表

四月六日、空本は、東京大学の小佐古研究室（文京区弥生）にあるホールボディーカウンターで、自身の体内にある放射性物質を測定した。

医療用のＭＲＩ装置の全身測定といった感じの装置で、外部からのノイズとなる放射線を遮蔽するため厚い鉄棺に入り、二〇分間測定した。ＭＲＩのように磁場を発生させるわけではないので、音はなく静かなものである。ＮａＩシンチレーション検出器を多数備え、検出感度を高めている。

測定した時期に、空本は東京から離れることも、福島方面に行くこともなかったが、ヨウ素１３１は当然のように体内から検出された。一緒に測定した大学院生からもヨウ素１３１が検出された。

図16が測定結果である。横軸は、ガンマ線のエネルギーであり、ヨウ素１３１

(365 keV)、セシウム137(662 kev)、カリウム40(1460 keV)の各々の特定のエネルギーピークが確認されている。

大学院生は放射性プルームが拡散した首都圏の安価なホウレンソウを沢山食べたと言っていた。明らかに、空本も大学院生も、首都圏の食品による経口摂取であった。

空本の放射性ヨウ素(131)の体内摂取量については、四月七日の衆議院災害対策特別委員会の空本の政府への質問で公表している。実効線量で三・四七マイクロシーベルト(摂取量＝四五六ベクレル)、等価線量で二三・六マイクロシーベルト(甲状腺の放射能＝五四・八ベクレル)と評価された。

なお、空本と大学院生の測定結果では、自然界から摂取している放射性カリウム(カリウム40)も確実に検出され、微量のヨウ素131も検出されたが、問題となる数値ではなかった。

三月一七日の「影の助言チーム」で、小佐古敏荘参与から食物摂取について懸念事項が述べられた。

「福島の現地では震災により食料や飲用水の不足し、補給困難の状況にある。このことを十分に考慮して、食物・飲用水・魚などの摂取制限について考える必要がある。その基準については、現実的で実用的なものとするべきです」

‡農家の苦悩、漁業者の混乱

そして小佐古参与は、空本に予言していた。

「このままの厳しい基準だと、必ず死者が出ます。事故が起きます。福島で現実に生活している人がいるんです。そこの水を飲み、野菜を食べなければならない人がいます。これを踏まえて、数カ月間は現実的な基準にしなければなりません」

「国がいち早く、国際基準に即した、短期的と中長期的な基準を示さなければなりません」

農家や漁業者も混乱することも予言していた。

三月一九日〜二三日、「影の助言チーム」は、「食物摂取基準については、現実的なモデルに基づき、短期的な基準（例えば当面三カ月の摂取）の導入を考える。短期的な基準の導入を早急に図る必要がある」と提言した。

また、パニック回避のために、大量の農産物のモニタリングを行うための現実的で簡便な測定方法を明示することも助言した。農家に混乱が生じないように、「簡易モニタリングでの全数検査とサンプリングによる詳細検査を組み合わせて、出荷体制を整えなければならない」と小佐古参与は具体的に提言していた。

二一日、牛乳および乳製品の摂取規制に関する指標に基づき、具体的な規制方法を示すことを提言した。

国内の農家も消費者も混乱が増していた。

福島県中部のキャベツ農家の自殺が報道された。福島県産の野菜の出荷停止が決まった翌日の三月二四日朝に農家の男性が自殺したのだ。

小佐古参与の予言が、残念ながら、的中してしまった。

三月二六日、小佐古参与は、飲料水に対する対策として、国際的なルール（ＩＣＲＰとＩＡＥＡ）に則り、短期的で現実的な基準を運用することを官邸に求めた。首都圏を中心として水道水の問題が大きくなっていたからだ。

東京、千葉、茨城、栃木、群馬の五都県の知事が、三月二八日、枝野官房長官と蓮舫食品安全担当大臣を訪ねた。「暫定基準値は非常に厳しい基準だ」として、新たな現実的な基準づくりを急ぐよう求め、福島、埼玉、神奈川を加えた緊急要望書を手渡した。

‡食品安全委員会への提言

食品および飲料水などについて、国内の様々なところで混乱が始まっていた。もうこれ以上事故を起こしていはいけないと考え、三月二八日、小佐古参与は、国際基準に基づいた暫定基準［区分Ａ］と［区分Ｂ］を策定すべきと官邸と食品安全委員会に提言した。

［区分Ａ］緊急的、早期の基準としては、年間一〇ミリシーベルトを基礎とする（ＩＣＲＰ、ＩＡＥＡの緊急時のものを使う）。

［区分B］中・長期の基準としては、年間一ミリシーベルトを基礎とする（現行の国内法で定めている基準を使う）。

翌二九日、世界保健機構（WHO）も、「日本の暫定基準値（例：飲料水一リットルあたり三〇〇ベクレル）は予防的であり、IAEAのGSG－2の値が、緊急時の初期段階に適用する値である」と小佐古参与と同様な内容を発表し、この適用を強く勧告している［11］。

［区分A］と［区分B］の期間別の適用としては、例えば、［区分A］を被ばく状況が安定するまでの一カ月間ないし三カ月間とし、状況が安定した後は、［区分B］を適用するものとして提言していた。

［区分A］は、最新の国際基準（IAEA／GSG－2）の最新の科学的知見を踏まえており、緊急時（短期間）に限り、年間一〇ミリシーベルトを容認するものであり、一カ月間ないし三カ月間に限り、一キログラムあたり、ヨウ素131を三〇〇〇ベクレル、セシウム137を二〇〇〇ベクレルとする助言であった。その後は、年間一ミリシーベルト基準とすべきと言うものであった。

食品安全委員会では、三月二八日、飲食物から被ばく許容量の暫定基準の年間五ミリシーベルトを「かなり安全側にたったもの」として支持し、当時の暫定規制値を妥当とした。この一キログラムあたりの暫定基準は、ヨウ素131に関して、①飲料水と牛乳・乳製品が三〇〇ベクレル、③野菜が二〇〇〇ベクレル。セシウム137に関して、③飲料水と牛乳・乳製品が二〇〇ベクレル、④食品（野菜・穀類・肉・卵・魚など）が五〇〇ベクレルであった。

さらに、厚生労働省と食品安全委員会は、二〇一一年一一月二四日、新たな基準値の議論に入り、二〇一二年四月、年間一ミリシーベルト基準としたセシウム137の新しい規制値を施行した。新たな基準値への移行に際しては、市場に混乱が起きないように、一定期間の経過措置を設けていた。WHOや小佐古参与が勧告／提言した緊急時の基準値ではなかったが、食品安全委員会の動き方は、「緊急時として年間五ミリシーベルト、中長期的には年間一ミリシーベルト」との小佐古参与が意図した考え方に近いものではあった。

残念ではあるが、五月一日の枝野官房長官による会見で、小佐古参与が意図するところを誤解しての発言があった。

「小佐古先生がいろんなご意見をおっしゃっている。今回の学校の校庭については、非常に厳しい水準にするべきではないかというご意見で、（中略）逆に、乳幼児を含む牛乳や飲料水などの基準を『むしろヨウ素の場合で三〇〇〇ベクレルでいいんだ』というご意見をいただいた。（中略）『より高くていいんだ、緩やかでいいんだ』という申し入れを（後略）」

枝野官房長官は、最新の国際的な考え方を知らされずに、「小佐古参与が一キログラムあたり放射性ヨウ素三〇〇〇ベクレルとしている飲料水や牛乳の暫定値を一〇倍の三〇〇〇ベクレルに引き上げてもよいのだと主張している」との旨だけを発言したのだった。

小佐古参与の助言は、ICRPの放射線防護の概念に基づき、原発事故後の現存被ばく状況（一〜二〇ミリシーベルトの範囲）で考え、最新の科学的知見であるIAEA基準により導出したものであった。学校の校庭利用の基準も食品の摂取基準も、いろんな意見ではなく、全て同じICRPの考え方に基づくものであった。

枝野官房長官の発言は、三月一七日からの助言の表面的な数値のみを抜き出したもので、ICRP勧告などの考え方が意図するところを理解されたものとはなっていなかった。

‡新たな食品の基準値

食品安全委員会が決定したセシウム137の新しい基準値は、一キログラムあたり、飲料水一〇ベクレル、牛乳と乳児用食品五〇ベクレル、一般食品一〇〇ベクレルといった極めて厳しい数値であった（表5）。

ここで、セシウム137と自然界に存在しているカリウム40を比較してみる。

一般の食品には、生物にとって必須な元素であるカリウムが含まれているが、天然カリウムには〇・〇一一七％の割合で放射性のカリウム40が混じっている（図17）。

例えば、一キログラム中に、米＝三〇ベクレル、食パン＝三〇ベクレル、牛乳＝五〇ベクレル、魚＝一〇〇ベクレル、牛肉＝一〇〇ベクレル、ほうれんそう＝二〇〇ベクレル、ポテトチップス＝四〇〇ベクレル、干ししいたけ＝七〇〇ベクレル、干し昆布＝二〇〇〇ベクレル含まれており、前述の通り、カリウム40などの経口摂取からも年間〇・二九ミリシーベルトを自然に浴びている[12]。

これらの放射能の含有量の大小は、元々、食材が有している天然カリウムの含有量に比例しており、カリウム欠乏症による健康影響も考慮すれば、食事に際してカリウム40を過度に意識する必要はない。

表４　食品摂取（放射性セシウム）の暫定規制値（2012年３月31日まで）

食品群	野菜類	穀類	肉・卵・魚・その他	牛乳・乳製品	飲料水
規制値	500			200	200

（単位：ベクレル／kg）

※放射性ストロンチウムを含めて規制値を設定

表５　食品摂取（放射性セシウム）の新しい基準値（2012年4月1日施行）

食品群	一般食品	乳児用食品	牛乳	飲料水
基準値	100	50	50	10

（単位：ベクレル／kg）

※放射性ストロンチウム、プルトニウムなどを含めて基準値を設定
出所（表４・５とも）：厚生労働省リーフレット「食品中の放射性物の新たな基準値」をもとに作成

図17　食物中の自然放射能（カリウム40）（単位：ベクレル／キログラム）
出所：[11]

では、同量の放射能のセシウム１３７とカリウム40を体内に取り込んだ場合、内部被ばくは同じなのか。放射線の専門家には、「体内にも天然のカリウム40が含まれているのだから、放射性セシウムを少し摂取しても問題ない」と安易に発言される方もいるが、少し不親切ではないかと感じる。

経口摂取による内部被ばくの線量は、実効線量係数で補正する必要があり、カリウム40の「二ベクレル」とセシウム１３７の「一ベクレル」がおおよそ同等と見なすことができる。両者の影響については、この数値情報も合わせて、説明する必要がある。

以上から、セシウム１３７に関して、新しい摂取基準で出荷管理されている食品は、嗜好による摂取量のバラツキを考慮すれば、不要な摂取はすべきではないが、過度に心配する必要はない。

厚生労働省は、以前の暫定規制値（**表4**）であった二〇一一年九月と一一月に、東京都、宮城県、福島県で実際に流通している食品を調査し、放射性セシウム（１３７と１３４）とカリウム40による内部被ばくの合計の年間実効線量を推定計算している。

その結果、各県とも、放射性セシウムの合計の年間被ばく線量は〇・二ミリシーベルト前後であり、大きな差はなかった。なお放射性セシウム（１３４と１３７）については、東京都が〇・〇二ミリシーベルト、宮城県が〇・〇一七ミリシーベルト、福島県が〇・〇一九ミリシーベルトと、東北二県が高かった。

フクシマの方々には、特に幼い子どもを持つ保護者の方々は、このような数値情報と知見を正しく把握理解して、健康管理につなげていただきたい。

※この項は、『汚染水との闘い』［13］にも掲載した。

‡出荷検査と出荷規制による信頼度の高い福島産

「影の助言チーム」結成の三月一六日、小佐古参与は、農林水産省と厚生労働省を訪ね、鹿野道彦大臣と細川律夫大臣に農林水産物についての出荷管理について直接提言した。安全対策として食品摂取制限を図るとともに、農林水産業の風評被害を防ぐため、しっかりとした出荷管理をすべきと具体的に緊急提言を行った。

特に、「影の助言チーム」からの提言として、「大量の農産物や水産物の合理的なモニタリング、すなわち、現実的で簡便な測定方法（スクリーニングのための全数検査装置）と詳細なサンプリング検査の導入」を提言し、官邸を通じて農林水産省に伝えていた。

しかし、事故当初は、ホウレンソウをはじめとする葉物野菜などで、放射性セシウムが検出されるたびに、モグラたたき的な出荷制限・規制となってしまった。

ただし、現在は、放射能に関して、最も信頼できる農作物は、福島産として流通している農産物であると言っても過言ではない。何故なら、米や野菜について出荷検査や出荷制限を厳しく行っているからだ。

二〇一二（平成二四）年産米から、福島県では、基準値を超える米を流通させないこと、消費者が安心できる出荷体制を整えることを目指して、作付け段階での「除染や放射性物質吸収抑制対策」、収穫後の出荷段階での「全量全袋検査」に取り組んでいる。

実際には、玄米の全量・全袋の放射能検査を実施し、食品衛生法に定める基準値（一キログラムあたり一〇〇ベクレル）以下であることを確認して出荷している。

確かに、若干の基準値超の米も検出されているが、二〇一三（平成二五）年度産米で約一〇〇〇万袋中、二八袋（〇・〇〇〇三％）であった。逆に、測定装置の検出限界未満が九九・九三％であり、厳しい基準での検査・出荷体制で運営されている。

また、幾つかの農業法人（矢祭町、会津美里町、大玉村などの法人）では、通常の全袋検査に加えて、さらに厳しい自主検査を行い、自らの取り組みを広報している。検出限界が一キログラムあたり二〇ベクレル前後のシンチレーション検出器を使用するところを、さらに高性能なゲルマニウム半導体検出器（検出限界＝一キログラムあたり一ベクレル前後）を使ってサンプリング検査を行い、検査結果をホームページなどで公開しているのだ[13]。

現在は、野菜、原乳、牧草飼料作物の検査体制も構築されている。また、森林などに自生しているキノコ類なども出荷規制をして、放射線量の基準を十分に下回る安全な食材を流通させている。

二〇一三年一二月二六日、福島県庁を訪問したとき、福島県特産の「あんぽ柿」の出荷検査の体制を整え、水産物の新たな検査体制の構築にも取り組んでいた。

実は、米の全数検査装置もあんぽ柿の検査装置も水産物の検査装置も、元々は小佐古参与の発想である。小佐古参与があるメーカに提案するとともに技術指導して開発させたものが原型であった。福島県庁の職員によれば、東京の展示会で職員がそれを見つけて、福島県で採用展開することとなり、競合する複数社に同様の装置を作らせたものであった。

❖引用・参考文献／資料

[1] USSR State Committee on the Utilization of Atomic Energy, The Accident at the Chernobyl Nuclear Power and its Consequences, August, 1986.

[2] United Nations Scientific Committee on the Effects of Atomic Radiation, UNSCEAR 2008 Report, Vol. II. Annex D, 2011.

[3] 西美和（広島赤十字・原爆病院小児科）「小児甲状腺疾患診療　Pitfall [4], Pitfall vol. 13」日本ケミカルリサーチ株式会社

[4]『朝日新聞』二〇一三年二月一三日電子版配信（http://www.asahi.com）

[5] S. Tokonami (et al.), Thyroid doses for evacuees from the Fukushima nuclear accident, Scientific Reports 2, Article number ; 507 (2012) doi:10.1038/srep00507.
▼http://www.nature.com/articles/srep00507

[6] 栗原治「福島第一原発事故における周辺住民の初期内部被ばく線量推計：現状と課題」(独)放射線医学総合研究所緊急被ばく医療研究センター、二〇一四年三月二日
▼http://www.pref.fukushima.lg.jp/uploaded/attachment/50320.pdf

[7] 原子力安全研究協会「生活環境放射線データに関する研究」一九八三八年

[8] 小佐古敏荘編著『放射線安全学』（原子力教科書）オーム社、二〇一三年

〔9〕 被爆二世健康影響調査 科学・倫理合同委員会「被爆二世健康影響調査報告」二〇〇七年三月
▼http://www.rerf.or.jp/radefx/genetics/FOCSreportJ.pdf
〔10〕 鎌田七男、大瀧慈、田代聡ほか「広島原爆被爆者の子供における白血病発生について」『長崎醫學會雜誌』87、長崎大学、二〇一二年九月、二四七〜二五〇頁
〔11〕 World Health Organization (WHO), Health action in crises FAQs : Japan nuclear concerns, 29 March, 201.1.
▼http://www.wpro.who.int/media_centre/jpn_earthquake/FAQs/faqs_Drinking+water+safety.htm
（二〇一一年三月三〇日確認。現在閉鎖）
〔12〕 「原子力・エネルギー図面集 ２０１２」日本原子力文化振興財団
〔13〕 空本誠喜『汚染水との闘い——福島第一原発・危機の深層』筑摩書房、二〇一四年

第5章

フクシマ再生への提言

避難指示解除準備区域内（田村市都路地区〔2014年4月1日避難指示解除〕）の水田（2013年6月4日撮影）。　出所：内閣府資料「避難区域の見直しについて」（2013年10月）

1　心情論と現実論

「フクシマの再生」は、心情論と現実論で語る必要がある。

原発事故で避難している方々の心情を、放射線量が高い地域に生活している人たちの心情を、そして低線量被ばくを心配している福島県民の心情を、察しながら語らなければならない。

一方で、汚染によって長期的に帰還できない地域も存在している。厳しい現実にも向き合い、受け入れていただかなければならない。

福島の方々の心情に配慮しながら、厳しい現実を踏まえて、フクシマを再生させなければならない。

‡避難住民の心配ごと

フクシマの人々にとって、心配は尽きない。

日々の生活の不安、様々な分断と溝の発生、風評被害、生活再建への不安、帰還への不安、ふるさと喪失の不安、そして、原発と放射能・放射線への不安など、多岐にわたり、複雑に絡み合っている。

日々の生活の不安

避難住民の目の前を塞いでいる大きな障害物は何かと言えば、避難先での健康不安、仕事や収入の不安、避難住宅の改善や再移転などの希望、子どもの就学の心配など、日々の生活の問題である。避難生活に伴い、無職となった避難住民もまだまだ多く、補償はあるものの、経済的に厳しい生活を強いられている避難住民も少なくない。子どもたちの不登校やいじめも大きな問題となっている。

様々な分断と心の溝

また、原発事故を契機に、地域や人々の心に、様々な分断や深い溝も発生している。

前述の通り、避難住民の自家用車が「いわき」ナンバーであることから、避難先で車に傷をつけられたり、落書きされたりといったイタズラに困っている。避難住民と受け入れ地域の間に大きな心の溝も発生している。

家族も分断されている。三カ所にバラバラに生活するようになってしまった家族もある。

家族や地域の分断はもちろんであるが、双葉地域内での中間貯蔵施設の受け入れ地域と受け入れ地域外での分断、福島県内での受け入れ側と原発避難者の分断、県内の避難者と県外への避難者の分断、損害賠償の有無による地域内での分断など。

風評被害

福島県産の食品・食材は、福島県内の農産物などの出荷検査や出荷制限により、放射能に関して最も信頼できるものとなっている。

しかし、風評により、福島県民でさえも、福島県産の農産物を避けたり、不安視する声がまだまだ聞こえてくる。

この風評被害は、マスコミの不完全な報道により、国民への不安を増長し、国民がより慎重となり、風評被害を拡大している。テレビ報道などで、「○○県産のホウレンソウから一キログラムあたり△△△ベクレルの放射性セシウムが検出されました」「福島県沖の海水から放射性セシウムが通常の◇◇◇倍検出されました」などと報道され、さらに「……だから、問題はありません。……安全です。……大丈夫です」と聞き手にとって聞いたこともない判断基準を繰り返すことで、さらに不安を大きくしてしまう傾向にある。

さらに国が定める判断基準や安全基準、そして発表されるデータに対しても、不信感が募っている。

その結果、農産物に含まれる放射能や放射性物質については、完全にゼロでなければ許されない状況にまで陥ってしまっている。それは、この地球上では不可能なことなのだが。

広報の様々な工夫をしても、一度失われた不安と不信感はなかなか拭えない状況にある。

生活再建への不安

もちろん、町の復興も大切である。しかし、一番重要なことは、フクシマの人たちの生活の再建である。

避難している人たちからは、地域復帰への期待や帰望はあるものの、「戻れないなら、生活再建をしっかりしてほしい」「町の復興より、生活再建を」といった「人生の再設計」と「生活再建」を優先するように求める声も大きくなっている。

被災者の心情や要望は、長く続く避難生活で、大きく変わってきている。

復興庁は住民意向調査を実施しているが、地域事情により、意見は分かれている。楢葉町と大熊町でも住民の意向は大きく違っている。

会津若松市に避難している大熊町の人々は、気候風土や地域性の違いに戸惑っており、浜通りへの移転を求めている。

帰還への不安、ふるさと喪失への不安

いわき市に避難している楢葉町の人々は、帰還計画が検討されているが、放射線に対して安心して戻れるか心配している。これまでの除染の効果を疑っている。

また帰還しても、「線量が再び上昇するのではないか」「水道水は本当に大丈夫か」「水を購入することとなり、割り増し負担となってしまう」「商業施設は復活するのか」「病院や介護施設は整備されるのか」、そして「福島第一原発は大丈夫なのか」「放射線は本当に大丈夫なのか」、様々な不安

と要求が挙がっている。

一方で、中間貯蔵施設の建設候補となっている大熊町や双葉町では、住み慣れ、先祖代々の故郷を喪失する危機にもある。

原発と放射線への不安

フクシマの避難住民の心配ごとは多様であり、日々の生活の問題、避難生活での心配ごと、様々な分断と心の溝、風評被害、帰還への不安、生活再建への不安、そして、原発と放射能・放射線に対する心配など、多岐にわたっている。

そして、福島第一原発と放射能汚染と放射線が一番の心配事である。今後、長く続く、原発収束に向けての汚染水対策、さらに廃炉作業。一次請、二次請、……、五次請など、作業員は全国からも集まってきているが、一時的な作業員である。長期にわたる廃炉作業で必要となる作業員は、最終的には地元雇用に頼らざるを得ないのではないか。

長期的には、現地雇用と現地採用が常態化するのではないか。

マイナスイメージの仕事をフクシマの子どもたちがやらなければならないのではないか。

‡帰還か？　移住か？——二律背反でない選択を！

フクシマの避難住民は悩んでいる。

「帰還すべきか、移住すべきか。本当に戻ることができるのか。いつごろ戻れるのか」

「子どもたちを本当に帰してよいのか。放射線の影響が心配だ」

「雪の少ない浜通りに移りたい。避難先でも色々な問題がある」

「自主避難の負担が重い」

「帰還するにしても、移住するにしても、何よりも賠償がなければ」

「戻っても、本当に安全なのか。大丈夫なのか」

「原発と放射能は大丈夫なのか。安全なのか」

また時間の経過とともに、帰還への意欲も低下している。

若い年齢層は、特に、小さな子どもをもつ保護者層は、帰還より移住を望んでいる。

帰還困難な地域のお年寄りは、まずは生活環境の慣れた浜通りへ、そして孫の世代には自分の家への帰望を持っている。

福島大学の今井照教授は、帰還と移住に加えて、「第三の道」を提唱している[1]。大変興味ある提言である。

避難している人たちは「帰還」か「移住」かという二者択一の選択を迫られているが、どちらを選択したとしても、心情は大変複雑であるに違いない。この複雑な心情と置かれている状況に配慮して、超長期・広域避難者の二地域居住を法制化して、「移動する村」の市民としての権利を保障するという「第三の道」を今井教授は提唱している。

ここでは、「第三の道」の在り方までは深くは踏み込まないが、「帰還」でも「移住」でもない、将来の帰還を保障する「第三の道」を本書では、「未来帰還」と呼び、帰還・移住・未来帰還をもとに「フクシマの再生」を考えていくこととする。

では、帰還の条件、移住の条件、未来帰還の条件を考えてみよう。

帰還する条件としては、福島第一原発の安定が第一である。そして、汚染状況が除染により大幅に改善され、一定基準以下で線量管理ができていることである。例えば、子どもたちの帰還を考えれば、短期的には年間五ミリシーベルト以下、長期的には年間一ミリシーベルト以下の線量で管理されなければならない。場合によっては、除染してもウェザリングなどにより線量が上がってくる地域もあり、再除染、すなわち線量が上昇した場合のフォローアップ除染も必要となる。

移住については、帰還困難地域で故郷喪失慰謝料が損害賠償に上乗せされているが、「人生の再設計」のための雇用の確保、仕事の継続、町の移転、賠償の明確化をしっかり進めなければならない。帰還困難地域以外でも、子どもたちの健康影響や生活環境などから、移住を望む避難住民もあり、帰還困難地域と同様に住宅や賠償などを明確にしなければならない。

未来帰還については、まだまだ検討の途上であるが、線量が高いことから、帰還困難な地域を対象として、現状、汚染された自宅や農地や墓所などの財産をどの様に長期にわたり保全するかなど、具体的に決めてい行くことになるのであろう。

2　フクシマ再生のロードマップ

‡ロードマップの全体像

二〇一一年四月一〇日、小佐古敏荘参与と空本は、「フクシマ再生」のシナリオとして、「今後の管理工程（案）」を示した（次頁表6）。原発事故の収束のためには、プラントの収束、環境影響の低減、住民の防護の三つのカテゴリーについて、短期、中期、長期で対策を講じなければならない（二〇七頁図18）。そこで、短期（一年後まで）、中期（数年後まで）、長期（約一五年後まで）でフェーズ1〜5に区分して対策の概要をまとめた。

四月一七日には、東京電力より原発事故の収束に向けたロードマップが示された。非常事態にあるプラントの収束に向けては、冷却機能の回復、封じ込め、原子炉建屋の覆い、敷地内の放射性物質の飛散防止、放射能汚染水の漏えい防止など、実現できるものから完璧とは言えないが講じられてきた。

二〇一一年一二月一六日、当時の野田佳彦首相は、福島第一原子力発電所事故の収束宣言をした。何故、収束宣言をしてしまったのか、理解に苦しむ。間違った判断であったと思う。

何故なら、環境影響および住民防護の観点から、フクシマの地では、残念なことだが、原子力災

表６　今後の管理工程（小佐古・空本案）

時期	プラント対策	環境影響対策	住民防護対策	東電ロードマップ
フェーズ１ （～H23年４月）	応急措置 ①冷却（原子炉・燃料プール） ②放射性物質の閉じ込め ・汚染水の流出阻止 ・大気・土壌への放出抑制 ③作業環境の確保 ・がれき除去・除染・撤去 ・除染・簡易遮蔽等	環境影響調査 ・大気 ・海洋 ・土壌（農地、森林含む） ・汚染物（農林水産物） 農水産被害への補償検討	汚染マップ作成 住民線量マップの作成 中・長期対策概案の策定 心ある丁寧な住民説明 生活支援（補償案） メンタルヘルス対策	ステップ１
フェーズ２ （～H23年７月）	冷却・閉じ込めのための ①対策工事開始 ②飛散防止設備	上記４項目（継続） 通常監視（環境モニタリング） 放射性廃棄物処理（除染） 農水産被害への補償検討	居住計画の策定 居住制限 生活支援（補償案） 生活習慣制限 メンタルヘルス対策	
フェーズ３ （～H24年３月）	冷温停止（制御・監視） 汚染水処理による低減 封じ込め設備（応急措置）	通常監視（環境モニタリング） 食物連射の影響評価 土壌（森林含む）対策 放射性廃棄物処理（除染）	居住制限 リエントリー 生活支援 メンタルヘルス対策	ステップ２
フェーズ４ （２～３年後まで）	封じ込め構築物 放射性廃棄物処理（水・がれき・構造物等）	通常監視（環境モニタリング） 土壌（森林含む）対策 放射性廃棄物処理（除染）	居住制限 リエントリー 生活支援 メンタルヘルス対策	－
フェーズ５ （10～15年後まで）	廃炉 ・燃料取り出し ・機器・設備・建屋の解体撤去 ・土壌改良・更地化 放射性廃棄物処理	通常監視（環境モニタリング） 土壌（森林含む）対策 放射性廃棄物処理（除染） サイト内解体撤去後の環境における安全性評価	通常 メンタルヘルス対策	－

出所：筆者作成（2011年４月10日、17日東電ロードマップ欄を追記）

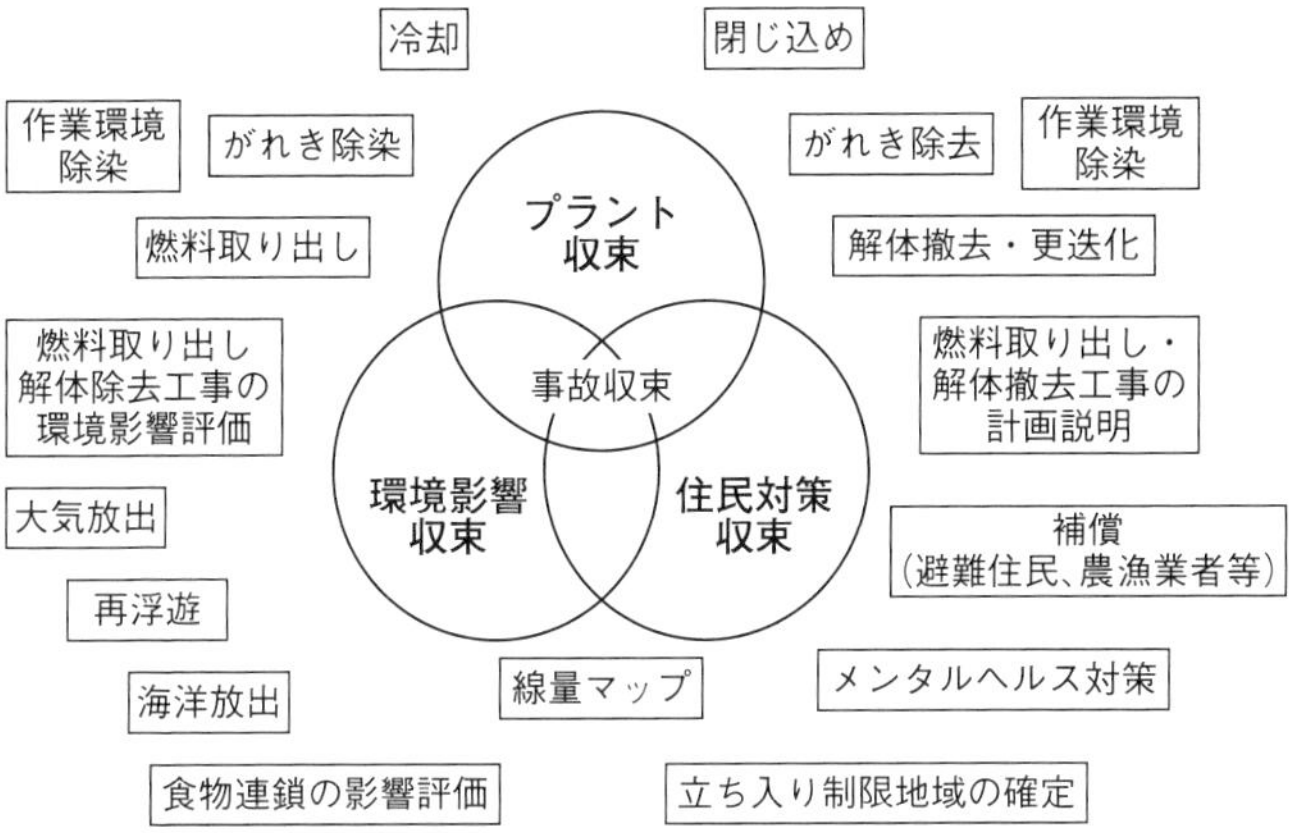

図18　原子力災害の収束の概念図（小佐古・空本案）

出所：筆者作成（2011年４月10日）

害は収束したとは言えなかったからだ。そして原子力緊急事態宣言が解除されたとは、聞こえてこなかったからだ。

真の原子力災害の収束とは、プラントの長期冷却および閉じ込めの機能が確立し、プラントを安全に制御できる状況に戻すことはもちろん、周辺環境への影響低減を図り、移住（リロケーション）と帰還（リエントリー）を含む住民への防護対策が施されて完結する。

「フクシマの再生」は、これら対策が講じられ、住民が安心して生活できる環境が整備されることで前進する。

小佐古参与は、「フクシマの再生」にあたって、放射線防護対策の考え方を提唱していた。

「大気への影響、陸域への影響、水系への影響、そして食品への影響に棲み分けて、放射線防護の具体的対策を講じる必要がある」

まず、大気への影響では、地上に沈着した放射性物質（セシウム137、セシウム134）の最浮遊による外部被ばくおよび農作業等での吸入摂取による内部被ばくを考慮して、対策を講じることとなる。

次に、陸域への影響では、汚染マップの作成によって管理すべきであり、居住生活圏の居住制限、農耕地の農作業制限、森林部の立入制限などにより管理することになる。特に、ウェザリングと呼ばれる風雨による洗い流しに伴う放射性物質の移行状況を把握することが重要となる。

第三に、水系への影響では、森林や地域からの集積による濃縮状況の把握が重要となる。特に、側溝、川底の堆積物、魚貝藻類には特に注意しなければならない。また行政による河川、地下水、海洋、飲用水のモニタリング実施も必要となる。

最後に、食品への影響では、農産物や水産物のサンプリング検査と簡易全数検査の組合せにより出荷管理することとなる。

ここで、これら具体策は、短期、中期、長期の管理工程／ロードマップによる進捗管理と状況把握を行いながら、具体的対策を将来に向けて進めていくことが「フクシマの再生」の近道となる。

‡プラント安定化対策

事故発生後の一カ月程度のフェーズ1の応急措置としては、①原子炉と使用済燃料プールの冷却、

②放射性物質の閉じ込め（汚染水の流出阻止、大気・土壌への放出抑制）、③作業環境の確保（がれき除去・除染・撤去、除染・簡易遮蔽等）に集中することとなる。

事故から半年程度のフェーズ２では、冷却・閉じ込めのための対策工事を開始し、飛散防止設備を整えることが必要となる。

さらに事故後一年間のフェーズ３では、冷温停止（制御・監視）、汚染水処理による放射性廃棄物の低減、建屋を覆う封じ込め設備（応急措置）の建設を完了することが重要となる。

そして二〜三年後までのフェーズ４では、長期的な封じ込め構築物を完成させ、放射性廃棄物処理（水・がれき・構造物等）を構築するところまで達成させる。

最終的なフェーズ５では、一〇年以上の時間をじっくりかけて、廃炉と放射性廃棄物の処理、貯蔵の施設を完成させる。その際、機器・設備・建屋の解体撤去、土壌改良、更地化などを進めていくが、最も厳しい、燃料の取り出しについては、技術力の総力戦で挑むこととなる。

水中での炉内構造物の切断やレーザ溶接、水中点検ロボットによる監視など、４号機で行われていたシュラウド交換と呼ばれる保全技術が国内メーカではすでに完成されており、遠隔装置等の機器設備、作業技術、監視技術など、これら技術の応用となる。

また、溶け落ちた燃料デブリにより超高線量下での作業となるが、日本独自の技術開発となり、世界に先駆けての新技術開発をフクシマの地域産業として育成させなければならない。

これが一つの、「フクシマの再生」への道ではないだろうか。

‡環境影響の低減対策

フェーズ1（事故後、一カ月間程度）では、環境影響（大気、海洋、農地・森林含む土壌、農林水産物の汚染物）の調査、そして農林水産業の被害に対する補償の検討開始などが重要となる。

フェーズ2（事故後、半年程度）では、フェーズ1の検討内容に加えて、環境モニタリングの通常監視体制の構築、除染による放射性廃棄物の処理、農水産物の被害への補償検討が重点対象項目となる。

フェーズ3（事故後、一年間）では、環境モニタリングの通常監視を着実に進めるとともに、食物連射の影響評価、森林を含む土壌対策、除染と放射性廃棄物の処理を進めることとなる。

フェーズ4（事故後、二～三年間）では、通常監視しながらモニタリング情報をホームページなどで汚染マップなどとして公開し、福島県民や国民に広報する。また引き続き、除染作業や土壌対策、放射性廃棄物処理を進めることとなる。

フェーズ5（事故後、一〇～一五年間）では、フェーズ4を着実に進め、さらに解体撤去後のサイト内環境の安全性評価を行うとともに、原発周辺の地域の再生利用を検討して、現実に前進させる。

‡住民防護対策

フェーズ1（事故後の一カ月間程度）では、放射性プルームが通過した地域の汚染マップを作成するとともに、健康管理のための住民線量マップの作成に着手する。さらに、避難住民への中期・長期の対策概案を策定し、心ある丁寧な住民説明を行う。汚染状況によっては、移住（リロケーション）も念頭に入れて、住民説明を行う。同時に、生活支援の概案（補償案）を整える。さらに、心身ともに疲れている避難住民へのメンタルヘルス対策を始める。

フェーズ２（事故後の半年程度）では、避難住民の中期的な居住計画を策定し、住民と協議する。また汚染マップに基づき、居住制限地域を決める。フェーズ１からの継続として、生活支援（補償案）とメンタルヘルスケア対策を進める。居住地域の汚染状況によっては、生活習慣の制限を指導する。

フェーズ３（事故後の一年間）およびフェーズ４（事故後の二〜三年間）では、フェーズ２に加えて、移住と帰還（リエントリー）に本格的に着手する。

フェーズ５（事故後、一〇〜一五年間）、フクシマの人々の通常生活を確実に取り戻す。ただし、汚染した地域もあり、メンタルヘルスケア対策は引き続き欠かせない。

3　フクシマ再生の具体論——「人生の再設計と生活再建」

‡被災地域の現状把握

フクシマでは、帰還が見込まれる地域（避難指示解除準備地域）、帰還を目指す地域（居住制限地域）、帰還が困難な地域（帰還困難地域）、以前の自主避難地域、そして三〇キロ圏外の地域など、様々な環境状況が複雑に絡み合っている。

帰還するにしても、移住するにしても、未来帰還するにしても、原発事故の被災地域の汚染状況を正確に把握し、現実を正しく受け止めていかなければならない。

放射線防護の考え方やチェルノブイリ事故の教訓を参考とするなら、原発事故の被災地域を、放射能汚染の高い場所（エリア）、中程度の場所（エリア）、低い場所（エリア）にカテゴリー分けを行い、カテゴリー区分に応じて以下に示すような対策を進めることが重要である。

例えば、放射能汚染の高いエリアについては、避難住民の立入制限や移住などの居住の制限を設ける必要がある。

中程度のエリアについては、土壌の表層を剝ぐ等の被ばく低減対策を実施後、条件付きで居住できることを認める。

低いエリアについては、土壌の表層を剥ぐ等の被ばく低減対策を実施後、通常の居住を認めるが、ただし、子どもたちの健康や社会インフラの整備状況などを踏まえ、強制的なものとはしない。

‡様々な住民の心情の把握

フクシマの人々の心情も複雑である。

戻りたい住民、条件付きで戻りたい住民、戻りたくない住民、帰還を判断しかねている住民、帰望を持っいる住民、諦めた住民、避難地域住民（帰還困難地域、居住制限地域、避難指示解除準備地域）、自主避難住民（県内、県外）など、様々な心境も複雑に絡み合っている。

原発周辺の地域に代表される長期帰還困難区域は、立入り制限や移住などの居住制限を受けることとなり、心情論として、「将来、自分の家に帰りたい。帰れないとしても、墓だけは守りたい」など、様々な気持ちを持っておられることだろう。

現実論としては、「高線量の地域に子どもたちを住まわせる訳にはいかない。戻れないならば、移住先を早期に提示してほしい。移住に関する国と東京電力の責任と賠償と補償を明確にしてほしい」などの要求もあるであろう。これら心情を把握することが重要である。

‡ 賠償の現状と課題

避難指示解除準備区域、居住制限区域、そして長期帰還困難区域に対して、財物や精神的な損害に対する賠償がなされ、前述の通り、帰還困難区域には故郷喪失慰謝料が上乗せされている。

一方、自主避難者の損害賠償、避難区域周辺に居住する人への損害賠償、風評被害および間接被害、自治体の損害などは、今後の大きな課題となっており、心ある丁寧な対応が求められている。

具体的には、二〇キロ圏内は避難指示解除準備に指定されており、財物や精神的損害への賠償が続いているが、二〇〜三〇キロ圏内の地域は指定対象外となり、財物賠償は対象外で、その他の賠償も二〇一二年に打ち切られた。しかし、その後も、二〇〜三〇キロ圏内の住民の多くは、自主避難している。

避難している住民においても、ここに明らかに賠償格差が横たわっており、地域と心の分断や心の歪みに多少なりともつながっている。

‡ 賠償と補償の明確化

原発事故といった大災害に際しては、中途半端な判断は、大変危険である。

最後には、なし崩し的に全てが決まり、大きな不満だけを残すだけである。

一つ、帰還できないなら、しっかりとした補償を国と事業者に求めるべきである。移住先や雇用等をしっかりと要求するべきである。

一つ、帰れる見込みがあるならば、国と事業者に、帰還見込時期とその際の線量等の想定状況、生活インフラの整備状況を確認し、帰還計画とそれまでの補償を国と事業者に求めるべきである。

一つ、早期に帰還できるならば、生活環境の整備と帰還条件を確認し、帰還までのしっかりとした補償を求めるべきである。

一つ、そのまま生活できるならば、もう一度、被ばく低減対策について徹底指導を行ってもらい、除染等の補償を要求すべきである。

‡帰還と移住のプロセス

現実的な生活の問題である。だからこそ、優先順位を決めて、住居を復旧し、上下水道、商業施設、病院、介護施設、学校、保育所・幼稚園、公民館などの生活インフラを整備し、仕事と雇用の場を復活させ、自営業者や企業を再建し、農林水産業を再生する。

移住にとっても、現実的な生活の問題が重要となる。だからこそ、優先順位を決めて、移転地の確保、町の移転、住居の建設、上下水道の整備、商業施設・病院・介護施設の誘致、学校・保育所・幼稚園・公民館などの新規整備、仕事と雇用の場の確保や創設、自営業者の再建、農地の確保などを進めていく必要がある。

‡除染と放射能測定マップ

二〇一一年七月一五日、福島県災害対策本部は「生活空間における放射線量低減化対策に係る手引き」を公表し、福島県内の除染活動を各自治体で本格的に始動した。

一方、福島県放射能測定マップも作成してホームページで公表している。各地の空間線量率や放射性物質測定などの測定結果を反映させ、定期的に最新データに置き換えている。

放射能測定マップのうち、空間線量率マップは、除染作業の進捗管理に重要である。また土壌の放射能測定マップは、除染のみならず、住民の帰還や農作物の栽培において大変重要となる。

福島市では「福島市ふるさと除染実施計画」に基づき、二〇一一年一〇月から二〇一六年九月までの五年間を計画期間として定め、線量率の低減に努めている。

各地での除染活動により、住居や敷地、建物、道路などでは、空間線量率は順調に低減しているが、やはり山林や雑草地や芝生などに近い地域では、空間線量率は比較的高い。ウェザリング（風雨による洗い流し）による放射性物質の移行によっても、線量率の高いホットスポットが移り、繰り返し除染が必要となる場合もある。

河川や湖沼、ダムやため池、下水道や側溝といった、放射性物質が流れ、移行し、滞るところも、線量率が高くなり、再々の除染が必要となる。

ここで除去した土壌の保管、最終的な放射性廃棄物の処理対策が大きな課題となることは当たり前だが、福島県内の汚染土壌等を、早期に一箇所に集中的に集めることが、福島県民全体の被ばくの低減に一番効果がある。

だからこそ、いち早く、しっかりとした中間貯蔵施設の建設を決めることが大切なのだ。候補地として挙げられている地域の住民の方々の心情には察するところがあるが、その地域の方々にとっても、福島県民にとっても、最善の策であることには間違いない。

また、手つかずの山林や雑草地が一番の難題である。福島県の場合、森林が面積の七割を占めており、自治体や森林組合などから広範囲の除染が求められている。

特に、森林は、「フィルター効果」により一般的に農耕地よりも放射性物質の沈着量が多い。比較的低い線量の区域では枝掃い等の簡易な対策を行うこととなるが、比較的高い線量の場合は全伐採処分などが必要となり、桁違いの予算を必要とする。

またキノコやコケ類には放射性核種をよく吸収する性質があるため、放射線量の低減対策には限界がある。

汚染の程度によっては、厳しい現実ではあるが、費用対効果を考慮して、長期に入山制限を覚悟していただく必要もある。

‡農林水産業の再生

農林水産業においては、小佐古参与が提唱してきた「現実的で簡便な測定方法（スクリーニングのための全数検査装置）」を堅実に構築することが安心安全の醸成に最も有効である。地道に、前進させることのみが、農林水産業の「フクシマ再生」の近道である。

農業については、まだ出荷規制の対象農産品もあるが、米や野菜を中心として検査体制が構築され、出荷管理が厳重に行われている。

水産業については、まだまだ汚染水の問題もあり、試験操業の段階で、本格操業も目途が立っていないが、検査装置の開発導入が進められており、農業と同様な出荷検査体制が期待されているところである。

林業については、森林の汚染状況を大中小で判断して、比較的低い線量では枝掃い対策を、比較的高い線量の場合は伐採処分を、さらに高線量の場合は費用対効果を考えて入山制限を、といった対策措置を講ずることを受け入れてもらわなければならない。

木材の出荷については、農業や水産業と同様に、出荷管理体制が重要となる。現在、福島県の木材業界では、自主管理基準を設け、サンプリング検査による出荷管理をしている。福島県木材協同組合連合会が定めた自主基準管理値は、GM管式サーベイメータによる測定値で一〇〇〇cpmとしている。この値は、毎時〇・〇三三マイクロシーベルトに相当しており、法律で規定されている放射線管理区域からの持ち出し基準を採用している。

農林水産業については、地道な出荷検査による厳重な管理体制の維持が重要となる。

‡ 放射能除去装置

また最近の国の動きとして、放射性廃棄物の中間貯蔵施設を双葉町と大熊町に設置することを福島県や各自治体に打診している。表向きは期間限定の施設である。期間限定ならば、やはり用地は借り上げが適当ではないか。しかし、国は買い取りを申し出ている。

厳しい選択ではあるが、地元の雇用の創出のためにも、「フクシマ再生」のためにも、借り上げや買い取りは別として、受け入れを早く決めていただきたいと考えている。

少し脱線するが、私の夢の一つは、四〇年前のテレビ漫画「宇宙戦艦ヤマト」でイスカンダル星に受け取りに行った「放射能除去装置」を開発することであった。

加速器を使った「消滅処理技術」または「核変換技術」が研究されているが、まだまだ現実的ではない。また化学的または物理的な放射性物質の剝ぎ取りは考えられるが、濃縮するだけで、消滅までには至っていない。

現代の科学においても、放射能を除去する技術は、なかなか簡単ではない。「放射能除去装置」を開発するためには、新しい物理現象や物理法則の発見が必要かも知れないが、夢を捨ててはいけないと考えている。

まずは中間貯蔵施設を、貯蔵だけの施設とするのではなく、放射性物質や放射性廃棄物の除染技術や減容化技術の開発拠点として、雇用を創出することが、「フクシマの再生」の近道である。国に要求してほしい。大熊町や双葉町に中間貯蔵施設だけを作るのではなく、地域再生を目的とした雇用創出のために、今、原子力研究開発機構が福島県内に構想している除染技術や減容化技術の開発拠点をさらに本格的なものとすることを。

大熊町や双葉町の汚染地域を更地化し、大型ソーラーパネルによる再生可能エネルギー基地を持ってくることを要求してほしい。更地化することにより、汚染土壌の剝ぎ取りにもなる。海上風力発電は原発沖に進めらているが、新たな雇用を産み出せていない。地元に帰って暮らしを立て直せる将来に向けた要求をしてほしい。

大変残念ではあるが、ヒロシマ、チェルノブイリ、フクシマは、全世界に知れ渡ってしまった。しかし、「被爆地ヒロシマ」は、「平和都市ヒロシマ」と呼ばれるようになった。ならば、被災地の福島も、例えば「不死鳥フクシマ」と呼び、再生可能エネルギーや放射能除去のメッカとすべきではないであろうか。

未来ある福島県への提言として、未来創造的な福島県とするために、国際貢献の観点からの「フクシマ」の位置づけを創造し、放射線防護・安全における最先端研究基地として、また「ヒロシマ」のような平和の発信基地として、輝く道を切り開いてほしい。

4　ヒロシマからのメッセージ

‡風化させないこと

八月六日、広島に原爆が投下された日、幼いころから、テレビで平和記念式典の最初から最後までの全てを見ることが普通だった。夏休みの決まり事のように、朝のラジオ体操を終えて、家のテレビで式典を見ていた。チャンネルを捻っても、どこのテレビ局でも式典を始めから終わりまで放送していた。

ところが、東京に上京して、八月六日の朝のテレビ番組を見たとき、何か違和感があった。大変残念に思った。

NHKは平和記念式典をほぼ全て流していたと記憶しているが、他の東京のキー局は、八時一五分前後のみの放送で、平和式典の全てを映してはいなかった。

最近、東京の民放局では、スポンサー介入はないと思うが、平和式典の取扱いがさらに雑になってきている。

広島のテレビ局でも、原爆の特別番組はいろいろと制作するものの、朝の八時一五分前後の一部分だけに時間制限されている。

八月九日の長崎の平和祈念式典を見るとき、もっと悲しくなる。ＮＨＫ以外は取り上げていない。私が小学生の時、道徳の時間などに、頻繁に原爆に関する色々な映画を見た。様々な平和教育を受けてきた。

他の都道府県の子どもたちに比べて、原爆や平和に対する認識や考え方は確実に一歩進んでいたと感じている。正しく理解していたと思う。意識は高かったと思う。

それでも、原爆投下から約七〇年が経過すると、原爆の記憶の風化は甚だしくなり、国民の意識は薄れてきている。大変残念なことだ。

三月一一日の東日本大震災について、テレビ局や新聞社などの報道機関も、震災を風化させまいと、また近未来の大震災に対する防災対策として報じている。

福島第一原子力発電事故については、敷地内の汚染水問題がクローズアップされており、まだまだニュースとして取り上げられていくであろう。また燃料取り出しの数年から十数年先までは、各報道機関も伝えていくであろう。

しかし、時間の経過とともに、テレビや新聞での報道量は減っていき、国民の意識からは薄れていくのは間違いない。

最近の全国ネットのテレビや新聞では、原発自体のトラブルは取り上げられるものの、現在の福島県全体の汚染状況、除染活動や復興状況などは、政府や自治体のホームページでは確認できるものの、取り上げられていない。何かトラブルがなければ、取り上げられない。

福島県内のテレビ局や新聞社は、当然報じているが、他の都道府県では、全国ネットでは、報道は一部分のみで、福島県と全国の意識にはすでに大きなズレが生じ始めている。

原発に対する国民の意識は薄れていないと思うが、原発事故に対する意識は薄れていっている。

福島県も政府も、そして県民も国民も、原発事故を風化させないための方策を検討する必要がある。

一番の方策は、国民の誰もが見ている、読んでいる、テレビと新聞での取り組みである。

特に、福島県の復興状況を放射線量の低減状況を前向きに報じることは重要である。

そして、次なる方策は、全国の義務教育での放射線教育と平和教育である。

‡風評を立たせないこと

気休めを言うつもりはない。

ヒロシマに原爆が投下され、被爆により多くの犠牲者が出てしまった。これは事実である。

フクシマの地でも、現実として、福島第一原発事故からの放射性物質が飛散して、放射性降下物(フォールアウト)により土壌や森林河川が汚染されてしまった。

この現実をしっかりと受け止め、風評被害の対策を講じることが重要である。

専門家は、よく福島の原発事故と、チェルノブイリ事故や広島・長崎の原爆や一九六〇年代の大気圏核実験を比較して、事故の規模や被害の大小を論じようとしてきた。

確かに、学術的に科学的な事実関係を明らかにすることは、大変価値あることである。過去の事故や原爆や核実験の状況や対策を参考にして放射線の防護対策を講じることは、大変重要なことである。

例えば、

・チェルノブイリ事故での子どもたちの甲状腺ガンは、放射性ヨウ素を十分に含んだ牛乳を子どもたちに制限なく飲ませたことが主因であったこと

・大気圏核実験で世界各国に、日本にも多くの放射性降下物が降り注いでいたこと

・ヒロシマの原爆での犠牲者は、短時間での高線量被ばくによるものであること

などの事実関係を明らかにすることは、大変参考となる。

しかし、フクシマの方々に、過去の事故や原爆や核実験などと比較して、「……だから、安全です。安心です。大丈夫です」といった気休めを言うことは、大変失礼である。

フクシマの地に、放射性プルームが流れ、フォールアウトにより土壌や森林が汚染され、空間線量率が現在でも高いという事実を認識して、放射線防護の対策を講じていくことが、フクシマの方々の一番の安心の醸成につながるものである。

すなわち、フクシマの事故による被ばくの現状について、

・三月一五日直後、放射性プルームが流れた地域で生活していた子どもたち、または避難してきた子どもたちについて、ヨウ素131の吸引による内部被ばくによる甲状腺の障害が、特に心配されること

・飯舘村方向などでは、一九六〇年代の大気圏核実験でのフォールアウトよりも格段に多く降

り注いだこと

• 今後、フクシマでは、放射性セシウム（セシウム137、セシウム134）による長期的な低線量被ばくに注意しなければならないこと

などの事実を正しく認識して、現実をありのままに公表することが重要である。

すでにスタートしている子どもたちの県民健康管理調査を順調に進めて、保護者や子どもたちへのメンタルヘルスケアを含めた健康指導を地道に行いながら、健康調査や線量管理などの情報を個人情報に配慮して国民に公表していくことが、まず福島県民が健康であることをアピールできる一番の方法である。

さらに、福島県の農産物の安全性をアピールすることも重要な対策である。

福島県の農産物は厳しい放射能の出荷検査と出荷規制をしているので、日本一、世界一、信頼できる食品であることを。特に、福島県産のお米は、全袋検査をしているので、さらに放射能の安全性に関して信頼できることを。

❖引用・参考文献／資料

［1］　今井照『自治体再建』筑摩書房、二〇一四年

あとがき

筆者の人生は、福島第一原発事故とは、切っても切れない宿命的な関係なのであろう。原発事故が発生した四七年前の三月一一日、被爆地ヒロシマに生まれた。

一九八六年のチェルノブイリ事故の発生当時、大学四年であった。実は、この事故を契機に、原子力の道に本格的に進むこととなる。

大学院では、原子力工学を専攻した。原子炉からの中性子やガンマ線を検出する放射線計測技術を研究し、人体への影響を測定する線量計の開発を通して放射線防護も学んだ。

二〇年以上も前ではあるが、学生時代に研究開発した光ファイバーを利用した放射線センシング技術が、今回の原発事故で活かされていた。原子力研究開発機構により、原発周辺の河川の汚染状況を広域に分布測定し、河川の汚染マップ作りに役立てられている。また汚染水タンクの漏洩検知にも活用されている［1・2］。

その当時の研究室の助教授が、原発事故対応で、官邸に様々な助言を一緒に行っていただいた内閣官房参与の小佐古敏荘教授であった。小佐古教授も、被爆地ヒロシマの同郷で、小佐古教授自身も被爆二世にあたる。

学生当時の思い出として、小佐古教授は、論理的で、緻密で、思慮深く、精緻な研究者である一方、毎日の日課として、夕方に研究室で学生と談話したり、学食での夕食前に大学のプールで泳いだり、気さくで、お話好きで、学生との問答を大事にする教育者であったことを記憶している。

その後、筆者は、東芝に入社して、原子力発電所の設計開発に携わった。原子炉の温度・圧力・水位・流量・放射線量をモニタする電気計装の技術担当（原子力技術研究所）として、原子力機器の設計担当（原子力機器設計部）として、直接かかわってきた。

東北電力の女川原子力発電所、中部電力の浜岡原子力発電所、そして東京電力の幾つかの原子力発電所で、定期検査に係わる保全業務全般、原子炉内の機器設計、検査技術の開発などにも従事してきた。特に、メルトダウン（炉心溶融）・メルトスルー（溶融貫通）してしまった原子炉底部の炉内点検や炉内構造物の検査など、第一線で取り組んできた。点検・検査にあたっては、小型の水中点検ロボットなど、原子炉内の狭隘部へのアクセス技術の開発も担当した。

また、偶然にも、原発事故で注目されたＳＰＥＥＤＩや航空機サーベイなど、原子力防災を担ってきた原子力安全技術センター（原安センター）の事業も経験してきた。

たまたまではあったが、筆者には、原発事故の緊急対策で重要となったオンサイトとオフサイトの両面から実務の経験があった。

ところで、筆者は、幼少の頃より、技術畑出身の国会議員を目指していた。二〇〇一年に東芝を退職して八年間の浪人時代を経て、三度目の正直で、二〇〇九年、衆議院議員の小選挙区で初当選することができた。奇しくも、その当選一期目に、運命だったのか、神のいたずらだったのか、福島第一原子力発電所で大事故が起きてしまった。

事故発生から五日目の三月一五日、またもや偶然ではあるが、菅直人内閣総理大臣と大畠章宏国土交通大臣から事故収束に向けて、別々に、私に直接の支援要請があった。

ちょうど、その日は、福島県内のみならず、首都圏まで放射性雲（放射性プルーム）が流れた「運命の日」でもあった。

そして、私は、すぐさま、近藤原子力委員長と小佐古教授に連絡をとり、「影の助言チーム」を結成した。

結成当初から、「SPEEDI」の存在を指摘し、「最悪シナリオ」の作成に係わり、そして『**年間二〇ミリシーベルト**』の見直しを求めるなど、緊急対策の根幹となる重要な局面で、直接、官邸や関係省庁に働きかけを行った。

このような背景と経緯から、「原発事故対応の真実」と「放射線防護の正しい考え方」を明らかにすることにより、子どもたちの未来につながる「フクシマの再生」の一助になればと考え、本書を記した。

小佐古教授からも、以前から、原発事故当初に我々が行った活動を、未来のために、何らかの形で残しておかなければならないと助言をいただいていた。

原発事故から三年を迎えようとしていた頃、朝日新聞社の木村英明氏から当時を振り返っての取材の要請があった。取材の中で、木村氏からも、歴史的な価値があるとのことで、本として残しましょうと提案をいただいた。そこで、『知られざる影武者たち——フクシマ原発事故、四五日間の攻防（仮題）』『汚染水との闘い――福島第一原発・危機の深層』（筑摩書房、二〇一四年）と本書を同時に執筆させて頂いた。初めての本格的な執筆であり、不慣れなところを、木村氏からは、示唆に富む提案や貴重な助言をいただくとともに、献身的にお手伝いいただいた。木村氏には心から感謝申し上げる。

さらに、本書の出版にあたり、平木滋氏、久保泰郎氏、山下義宣氏のご協力により、論創社代表の森下紀夫氏を紹介いただいた。平木氏、久保氏、山下氏のご厚情に深く感謝申し上げる。また本書の編集にあたり、森下氏には短期間での出版をご承諾いただくとともに、同社の永井佳乃氏を紹介いただいた。森下氏と永井氏には、迅速な出版準備と編集のなかで、多大な尽力と心温かい気遣いをいただいた。心からお礼を申し上げる。

そして、本書は、最新の放射線防護の考え方に基づいて記すように努力しているが、筆者が勘違いしている点もあり、小佐古教授に指導協力をお願いした。小佐古教授には、事故当初からの政府への助言活動も含めて、本当に感謝に堪えない。

さらに、執筆の過程で、貴重な助言をいただいた多くの皆さんに、そして事故当初から「影の助言チーム」の助言活動に協力いただいた大畠章宏（元）国土交通大臣、原子力委員会の近藤駿介（前）委員長をはじめとする多くの皆さんに、厚くお礼を申し上げる。

また、原発事故以降に報道関係者から数多くの取材を受け、私自身の発言を記事や書籍として残していただいている。事故対応から三年が経過しようとする中で、薄れ欠けている記憶を取り戻すために、本書内容の正確性を期すために、参考にさせていただいた。特に、斉藤直幸氏「ベクレルの嘆き——放射線との戦い」（『福島民報』二〇一三年三月朝刊連載）、「原発報道 東京新聞はこう伝えた」（『東京新聞』二〇一二年一一月二七日）、船橋洋一氏「カウントダウン・メルトダウン」（『文藝春秋』二〇一二年一二月三〇日）などは大変参考となった。

木村英明氏らが取りまとめた『福島原発事故タイムライン 2011-2012』（福島原発事故記録チーム編、岩波書店、二〇一三年）も参考としながら、事故当初の1号機から4号機のプラント状態やSPEEDIの運用状態を政府関係資料から紐解くことができた。

さて、本書で「フクシマ」の方々へは、原発事故で被災した地域を、「福島」ではなく、「フクシマ」と記し、書き分けている。

被爆地である「広島」は、「平和都市ヒロシマ」とも呼ばれている。

単なる原発事故の被災地ではなく、今回の原発事故から甦って未来創造的な地域に生まれ変わっていただくために、そして将来に向かって前進していただくために、さらに国民の皆さんに正しく理解してもらうために、「フクシマ」と書き分けることとした。

現在は、徐々にしか進まない除染、大量の放射性廃棄物、トラブル続きの汚染水など、多くの課題や問題を抱え、大変困難な状況にはあるが、日本が一丸となって、これら困難を乗り越えていかなければならない。「フクシマ」の地で、新しく輝く道を切り開いかなければならない。

しかし、乗り越えた暁には、「未来創造のフクシマ」「不死鳥のフクシマ」「再生可能のフクシマ」など、新たなイメージを世界に発信することができる。

また「福島県」全体も風評被害を受けており、その面では県全体が被災地域なのかも知れない。

しかし、原発事故と「福島県」本来のイメージを区別して、「福島県」本来のイメージを取り戻してもらうために、「フクシマ」として棲み分けて記載させていただいた。

本書が「フクシマの再生」に少しでも役立てば幸いである。筆者も微力ではあるが、今後も引き続き、お手伝いをさせていただきたい。

最後に、「フクシマの再生」と「大震災からの復興」に向けて頑張っておられる多くの皆さまへの敬意をもって筆を擱くこととする。

二〇一四年三月一一日（二〇一七年二月二日加筆）

空本　誠喜

❖引用・参考資料

［1］「放射線の〝線と面〟の分布測定――シンチレーション光ファイバーによるモニタリング」
▼http://fukushima.jaea.go.jp/initiatives/cat03/pdf/plastic.pdf

［2］「ＴＯＰＩＣＳ福島」№53（二〇一四年九月五日）
▼http://fukushima.jaea.go.jp/magazine/pdf/topics-fukushima053.pdf

❖著者略歴

空本誠喜（そらもと・せいき）

1964年3月11日、広島生まれ。元衆議院議員。工学博士。チェルノブイリ事故を機に原子力の道へ。東京大学大学院で原子力工学を専攻。応用物理学会の放射線賞を受賞。東芝で原子力プラントの設計開発に携わる。原発事故対応で閣僚からの要請により「影の助言チーム」を立ち上げ、官邸他に助言活動を行う。注目されたSPEEDIにも精通。内閣官房参与に就任していた小佐古敏荘教授と「20ミリシーベルト基準」の見直しを訴え、一石を投じる。現在、「フクシマの再生」に向けて活動中。

※文中に記載されるURLは、別記される場合をのぞき、2017年2月20日掲載確認した。

二〇ミリシーベルト
福島第一原発事故　被ばくの深層

二〇一七年四月一一日　初版第一刷印刷
二〇一七年四月一七日　初版第一刷発行

著　者　空本誠喜
発行者　森下紀夫
発行所　論創社
〒一〇一－〇〇五一
東京都千代田区神田神保町二－二三　北井ビル
電　話〇三－三二六四－五二五四
ＦＡＸ〇三－三二六四－五二三二
web. http://www.ronso.co.jp/
振替　〇〇一六〇－一－一五五二六六

組版・装幀　永井佳乃
印刷・製本　中央精版印刷

©SORAMOTO Seiki 2017 Printed in Japan.

ISBN978-4-8460-1607-4

落丁・乱丁本はお取り替えいたします。

論　創　社

原発禍を生きる◉佐々木孝

南相馬市に認知症の妻と暮らしながら情報を発信し続ける反骨のスペイン思想研究家。震災後、朝日新聞等で注目され1日に5000近いアクセスがあったブログ〈モノディアロゴス〉の単行本化。解説＝徐京植　本体1800円

イーハトーブ騒動記◉増子義久

地域の民主主義は議場の民主化から！　賢治の里・花巻市議会テンヤワンヤの爆弾男が、孤立無援、満身の力をこめて書いた、泣き笑い怒りの奮戦記。「3・11」後、「イーハトーブ」の足元で繰り広げられた、見るも無惨な光景を当事者の立場から再現する内容になっている。　本体1600円

地震の予知はできますか？◉木村政昭

人と仕事1　“地震の目”を駆使した独自の予知メソッドを確立した異色の海洋地質学者・木村政昭教授が語る、人生と仕事の全体像。「数時間前の地震予知ができる時代はきっときます」　本体1300円

風と風車の物語◉伊藤章治

原発と自然エネルギーを考える　大量生産・大量消費の文明か、自然と共生する維持可能な文明か。風車に代表される自然エネルギーづくりの現場を歩き、各地の先進的な試みを紹介しつつ、原発の行方と再生可能エネルギーの未来を考える“風の社会・文化史”。　本体2000円

「反原発」異論◉吉本隆明

1982年刊の『「反核」異論』から32年。改めて原子力発電の是非を問う遺稿集。本書は「日本の最高の頭脳であり民衆の中の革命家であり思想家である吉本隆明の文字どおり最期の闘い」だ！——副島隆彦　本体1800円

環境文明論◉安田喜憲

新たな世界史像　環境文明論を学ぶことの意味から未来の生命文明のあり方まで、これまでの環境考古学・環境文明論に関する論考を一冊にまとめた「安田文明論」の決定版。序文・推薦＝梅原猛　本体4800円

反核の闘士ヴァヌヌと私のイスラエル体験記◉ガリコ美恵子

25年前、夫の故郷イスラエルに移住した日本人女性の奮闘記。著者の体験をいっそう深化させたのは、モルデハイ・ヴァヌヌとの出会いだった！　イスラエルの核兵器開発を内部告発した反核の闘士との交流を描く。　本体1800円

好評発売中